纳米晶体材料热力学

于晓华　詹肇麟　荣　菊　王　远　著

科 学 出 版 社

北 京

内 容 简 介

纳米材料的合成和加工技术的进步,对纳米尺度下热力学的科学理解提出了更高的要求。本书共6章，分别介绍晶体材料热力学基础、纳米晶体材料尺寸效应的热力学解析、纳米晶体材料晶体学和力学特性、纳米晶体材料晶格动力学特性、纳米晶体材料热学特性，以及纳米晶体材料特性函数关联模型，可为纳米晶体材料的实验研究、第一性原理计算和分子动力学模拟提供参考。

本书可供高等理工院校化学、材料等专业的研究生以及从事热力学和纳米材料研究的科技工作者参考。

图书在版编目（CIP）数据

纳米晶体材料热力学 / 于晓华等著. —北京：科学出版社，2020.11
ISBN 978-7-03-066787-8

Ⅰ. ①纳…　Ⅱ. ①于…　Ⅲ. ①晶体-纳米材料-热力学-研究. Ⅳ. ①TB383.13

中国版本图书馆 CIP 数据核字（2020）第 220983 号

责任编辑：陈雅娴　李丽娇 / 责任校对：何艳萍
责任印制：张　伟 / 封面设计：迷底书装

科 学 出 版 社 出版
北京东黄城根北街 16 号
邮政编码：100717
http://www.sciencep.com
北京厚诚则铭印刷科技有限公司 印刷
科学出版社发行　各地新华书店经销
*
2020 年 11 月第　一　版　开本：720 × 1000　B5
2023 年 11 月第二次印刷　印张：11
字数：222 000

定价：79.00 元

（如有印装质量问题，我社负责调换）

前　言

所有材料无论是木材等天然材料还是人工合成的新材料，都具有各自的内部结构，即微观组织。对微观组织的研究分为两条主线：微观组织观察和材料热力学研究。本书利用热力学原理分析和研究纳米晶体材料的特性，将经典的热力学解析方法进一步扩展，以解决材料开发领域的一些材料科学和工程问题。

经典热力学、经典统计力学和量子统计力学是描述热力学系统的三种语言，其本质相同。经典热力学理论的核心是特性函数，而经典统计力学的微观解释为配分函数。进一步考虑微观粒子的量子效应，可将特性函数和配分函数归结为能态密度。作者根据经典热力学、经典统计力学和量子统计力学，构建了金属纳米粒子尺寸效应物理模型，并将该物理模型扩展至多场耦合作用下任意维度和形状的纳米晶体材料。

在此基础上，本书详细论述了纳米晶体材料的晶格畸变率和晶格畸变能等晶体学特性，表面能、表面张力、表面吸附和表面空位等表面特性，杨氏模量、扭转模量、剪切模量和体弹性模量等力学特性；深入探讨了德拜温度、比热容和热膨胀系数等晶格振动特性，空位形成能和空位浓度等空位特性，扩散激活能和扩散系数等扩散特性；细致阐述了内能、吉布斯自由能、亥姆霍兹自由能、熵和焓等重要热力学状态函数。随后，参考电动势分析法、微量热分析法和化学平衡分析法等实验方法，介绍了空位形成能分析法、弹性矩阵元分析法和表层原子冻结分析法等计算方法。最终，建立了微观粒子运动状态与纳米晶体宏观特性的桥梁，揭示了热力学特性函数之间的内在联系和实质。

本书较为系统地阐述了纳米热力学的研究成果。其中，对纳米晶体材料尺寸效应的热力学解析，提供了经典热力学、经典统计力学和量子统计力学对实际材料问题的解析思路；对纳米晶体材料特性函数关联模型，给出了分子动力学和第一性原理研究方法，以及设计纳米晶体材料的研究方法。上述成果已成功应用于表面处理和新能源材料的设计与分析领域，获得多项省部级科技奖励。

本书由昆明理工大学纳米晶体材料热力学计算与模拟研究团队完成，于晓华副教授撰写，詹肇麟教授和王远教授统稿，荣菊博士审校。此外，王枭博士、苑振涛博士、张雁南博士以及学生胡志同、范一成和陈旭辉参与了书稿内容的讨论，昆明贵金属研究所的魏燕研究员和蔡宏中教授对本书提出不少宝贵意见，在此一并感谢。

本书由国家自然科学基金“机械研磨对电场作用下表面渗镀的影响及作用机制的研究”（51665022）、“超高温 Pt-Rh-RE 合金中 RE 元素赋存态的热力学设计与强化机理研究”（51801086）、“多场耦合作用下纳米材料晶粒尺寸稳定性热力学模型的构建与应用研究”（51601081）、“表面机械纳米化与反应扩散交互作用机理研究”（51165016），以及稀贵金属综合利用新技术国家重点实验室基金“高性能超高温 Pt-Rh-RE 合金结构材料的热力学优化与应用研究”（SKL-SPM-2018 15）资助出版。

由于学术水平和客观条件所限，书中疏漏之处在所难免，敬希读者批评指正。

作　者

2020 年 4 月于昆明

主要符号表

符号	含义	符号	含义
A	表面积	F	法拉第常量
A_0	比表面积	f	自由度，表面应力
a	晶格常数	$f(r)$	原子作用力
B	修正系数	$f(r_i/a)$	振动函数
$\boldsymbol{B}$	磁感应强度	G	吉布斯自由能，剪切模量
b	吸附常数	$\Delta_f G_m^\ominus$	标准摩尔生成吉布斯自由能
C	浓度	$\Delta_r G_m^\ominus$	标准摩尔反应吉布斯自由能
CN	配位数	g	键合强度
C_p	等压热容	H	焓
C_V	等容热容	$\boldsymbol{H}$	磁场
c_i	键长收缩系数	$\Delta H^{\neq\ominus}$	活化焓
D	扩散系数	$\Delta_f H_m^\ominus$	标准摩尔生成焓
$\boldsymbol{D}$	电位移	h	普朗克常量
$D(x)$	德拜函数	K	体积模量
d	粒子直径	k	玻尔兹曼常量
$\mathrm{d}y_r$	广义位移	$\boldsymbol{M}$	磁化强度
$\mathrm{d}\gamma/\mathrm{d}T$	表面张力系数	m	质量
E	结合能	N	粒子数
$\boldsymbol{E}$	电场	$\boldsymbol{P}$	电极化强度
E_0	振动零点能	p	压强，概率
E_{atom}	原子键能	p_{ij}	胁强张量
E_M	空位迁移能	Q	热量，扩散激活能
E_v	空位形成能	q	吸附量
$E^\ominus$	标准电极电势	R	摩尔气体常量，粒子半径

r_0	平衡间距，原子半径	ε	能级，势函数
S	熵，表面模量	ε_b	势能最小值
S_{vib}	振动熵	ε_{ij}	胁变张量
$\Delta S_m^\ominus$	标准摩尔熵	ζ	收缩系数
T	温度，周期	η	原子堆积系数，狄拉克常量
T_{onset}	蒸发起始温度	Θ_D	德拜特征温度
U	内能	θ_r	转动特征温度
V	体积	θ_v	振动特征温度
V_{atom}	原子体积	κ	压缩系数，弹性系数
$V^l(T)$	液体体积	λ	键能和结构函数
$V^s(T)$	固体体积	λ_D	平均德拜波长
$V(r_1,\cdots,r_N)$	势能函数	μ	振动振幅，泊松比
W	能量	ν	振动频率
Y	杨氏模量	ν_E	振动频率
Y_r	广义力	ν_p	声速
y	外参量	ρ	密度
y_r	广义坐标	σ	表面能，均方位移
Z	配分函数，配位数的变化量	φ	相互作用势能函数
α	形状因子	χ_e	电极化率
α_v	体膨胀系数	χ_{ij}	电极化张量
β	拉格朗日乘子	χ_m	磁化率
Γ	跳动频率	ω	拉曼位移，能级简并度
Γ_{hkl}	表面原子悬空键函数	$\omega(r_{min})$	截止频率
γ	表面张力		
δ_∞	Tolman 长度		

目　录

第 1 章　晶体材料热力学基础

热力学是探讨能量内涵、能量转换以及能量与物质交互作用的科学，具有高度的可靠性、广泛的普遍性和优异的解析性。热力学的研究对象、研究思想、描述语言、计算理论和设计思想都与我国古代数学方法契合。

本章将引入系统、环境、边界和状态函数等描述热力学系统的基本概念，分析热力学系统的相平衡与相变，引出热力学计算与设计思想，探讨经典热力学中特性函数、经典统计力学中配分函数和量子统计力学中能态密度的内在联系。这些知识是扩展热力学内容的有力武器，是热力学理论的核心和宗旨。

1.1　热力学分析基础

热力学研究对象主要是大量分子(包括原子、电子和辐射场等)所组成的体系/系统。

热力学研究思想主要是将研究对象构建热力学系统，并利用状态函数描述各系统稳定与变化时的规律，解释子系统之间物质、能量和信息的交互作用，最终给出合理的解释与最大限度的预测。

1.1.1　系统、环境和边界

系统是指由大量微观粒子组成的研究对象。系统可以是宏观物体，可以是有限容器，也可以是微观纳米粒子、团簇和分子等。

环境是指系统之外，能够与系统发生作用的物质。按照辩证法，系统可以理解为内因、内在，环境可以理解为外因、外在。二者符合内因影响外因，外因作用于内因，内因起主导作用的哲学规律。

边界是指分隔内部系统与外部环境的分界面。例如，一杯水是一个系统，环境为外部大气，边界为玻璃杯。又如，一个气缸是一个系统，环境为气缸外大气，边界为气缸。可见，边界可以是完全密封的，如气缸；也可以是虚拟的，如水杯的开口处。

根据系统与环境相互作用情况的不同，可将系统分为：与外界只有能量交换而无物质交换的系统——闭口系，与外界既有物质交换又有能量交换的系统——开口系，以及与外界无任何能量和物质交换的系统——孤立系等。

1.1.2 状态函数

系统在稳定时的宏观物理状态，可以用符号和数字表示，称为状态函数。常见的状态函数有 8 个，即温度 T、压强 p、体积 V、熵 S、焓 H、内能 U、亥姆霍兹自由能 F 和吉布斯自由能 G。

热力学状态函数之间的内在关系可用物态方程表示。

按照与物质的量的关系，热力学状态函数可以分为广延量和强度量。广延量是与系统中存在物质的量成正比的热力学变量，如质量、内能、自由能、焓和熵等。强度量是与系统的物质的量无关的热力学变量，如温度、压强和体积等。

1.1.3 相平衡与相变

热力学的系统观和状态函数法施之于物质，即材料热力学和微观组织热力学，其开拓者是美国耶鲁大学的吉布斯。他在 1873～1879 年以《论不均匀物质系统的平衡》为题发表了一系列论文，使得在认识微观组织本质方面所必需的一些基本概念，如“相”、“相平衡”和“化学势”等得以最终明确，并提出了有名的“相律”。他还进一步关注“界面”的重要性，对界面吸附和由表面张力引起的内压强等问题进行了深入的探讨。

根据热力学系统观，整个微观组织可以归为一个大系统，具有相同性质的一类可视为一个子系统，子系统以外为环境，子系统与环境之间的分界面为边界。对于具体的材料，大系统的综合性能即材料的宏观特性，子系统即物理化学性质相同的相，边界即晶界，它们决定了材料的微观组织结构。

根据热力学状态函数法，每个子系统都可以用温度 T、压强 p、体积 V、熵 S、焓 H、内能 U、亥姆霍兹自由能 F 和吉布斯自由能 G 等热力学状态函数描述。在经典统计力学和量子统计力学中，描述语言分别为配分函数和能态密度等。

结合热力学系统观和状态函数法，子系统之间有物质、能量和信息的交互作用，利用状态函数的广延性，可以分析子系统之间的交互规律。不同热力学条件下，各系统的化学势不同，将会发生相平衡与相变现象。因此，结合实验测试、热力学模型预测和密度泛函理论计算与外推给出的每一种相的热力学特性，可以设计和预测材料的宏观性能，这就是近些年兴起的高通量材料基因组集成计算。

1.1.4 热力学计算与设计

热力学系统的宏观性质（状态函数）不随时间变化的状态称为平衡状态。

某一时刻，系统的宏观性质是一定的，此时的热力学状态函数也是给定的。以给定的热力学状态为起点，以状态函数为变量进行演化，称为热力学过程，如气体的压缩和膨胀(体积)、水的升温(温度)、化学反应(组成)和热机循环(复合)等。为了研究方便，一般选取单一状态函数的变化过程进行讨论，如等温过程、等压过程、等容过程和绝热过程等。

热力学计算和热力学设计是热力学精华与魅力所在。利用状态函数在不同过程下的变化规律，模拟和表征实际系统的变化规律，指导生产实践的过程称为热力学计算。在热力学计算的基础上，人为预设不同的热力学过程，获得预期的目的，称为热力学设计。例如，利用乙醇-水平衡相图设计乙醇溶液的蒸馏过程，获得高纯度乙醇；利用 Fe-C 相图热处理和炼钢，获得不同的组织和性能的钢铁材料等。

1.2　状态函数的实质

经典热力学理论的核心是特性函数，而经典统计力学的微观解释为配分函数。进一步考虑原子、电子、声子和光子等微观粒子的量子效应，可将特性函数和配分函数归结为能态密度。也就是说，经典热力学、经典统计力学和量子统计力学三者互为补充，其核心为量子统计力学，其表现为经典热力学，举一可反三，知三可归一。

1.2.1　特性函数

特性函数在经典热力学理论和实际应用过程中有极为重要的作用。该方法理论规范、逻辑严密、简洁精确，是各种热力学状态函数的纽带，为热力学理论的研究奠定了基础[1]。

1. 热力学特性函数

根据热力学第一定律和热力学第二定律，系统的内能可表示为[2]

$$\mathrm{d}U = T\mathrm{d}S - p\mathrm{d}V \tag{1.1}$$

式中，定义外压对系统做功为负；U 为内能；T 为热力学温度；S 为熵；p 为压强；V 为体积，一共 5 个状态函数。

对于封闭的均相系统，自由度 f=2，即其中任意两个状态函数都可以确定系统状态。

式(1.1)有 5 个状态函数，2 个已知，还有 3 个未知数。为了确定这些未知数，原则上必须对式(1.1)再补充 2 个方程，可以是状态方程和能量方程，以便用状态方程求解温度，用能量方程求得热容或其他类似的量。

实际上，在不额外补充状态方程和能量方程的情况下，适当地选择独立变量，也可以确定系统的所有特性，这些独立变量的函数称为特性函数。以下分别讲解最常用的特性函数：亥姆霍兹自由能函数 F、吉布斯自由能函数 G、内能函数 U 和焓函数 H。其中用得最多的特性函数是亥姆霍兹自由能函数 F 和吉布斯自由能函数 G，因为它们所对应的独立变量 V、T 和 p、T 在实验中能够且容易测量。

2. 亥姆霍兹自由能函数 $F(V, T)$

若均相系统的独立变量为 V 和 T，则亥姆霍兹自由能函数 $F(V, T)$ 为特性函数。因为

$$dF = d(U - TS) = -SdT - pdV \tag{1.2}$$

根据全微分特性

$$S = -\left(\frac{\partial F}{\partial T}\right)_V, \quad p = -\left(\frac{\partial F}{\partial V}\right)_T \tag{1.3}$$

二阶偏微分为

$$-\left(\frac{\partial^2 F}{\partial T^2}\right)_V = -\left(\frac{\partial S}{\partial T}\right)_V = -\frac{C_V}{T}，\text{即 } C_V = T\left(\frac{\partial^2 F}{\partial T^2}\right)_V \tag{1.4}$$

$$\left(\frac{\partial^2 F}{\partial V^2}\right)_T = -\left(\frac{\partial p}{\partial V}\right)_T = \frac{1}{\kappa V}，\text{即 } \kappa = \frac{1}{V\left(\frac{\partial^2 F}{\partial V^2}\right)_T} \tag{1.5}$$

可以看出，已知亥姆霍兹自由能 F 随系统体积 V 和温度 T 的变化关系，利用亥姆霍兹自由能函数 $F(V, T)$ 的一阶偏微分可以获得熵 S 和压强 p，利用亥姆霍兹自由能函数 $F(V, T)$ 的二阶偏微分可以获得等容热容 C_V 和压缩系数 κ。

此外，根据偏导数的性质

$$\frac{\partial^2 F}{\partial V \partial T} = \frac{\partial}{\partial V}\frac{\partial F}{\partial T} = \frac{\partial}{\partial T}\frac{\partial F}{\partial V} \tag{1.6}$$

即

$$\left(\frac{\partial S}{\partial V}\right)_T = \left(\frac{\partial p}{\partial T}\right)_V \tag{1.7}$$

式(1.7)给出了系统等温膨胀时熵的改变和等容加热时压强的改变两种性质之间的关系。

3. 吉布斯自由能函数 $G(T, p)$

若均相系统的独立变量为 T 和 p，则吉布斯自由能函数 $G(T, p)$ 为特性函数。因为

$$dG = d(F + pV) = -SdT + Vdp \tag{1.8}$$

根据全微分特性

$$S = -(\frac{\partial G}{\partial T})_p , \quad V = (\frac{\partial G}{\partial p})_T \tag{1.9}$$

二阶偏微分为

$$(\frac{\partial^2 G}{\partial T^2})_p = -(\frac{\partial S}{\partial T})_p = -\frac{C_p}{T} , \text{ 即 } C_p = -T(\frac{\partial^2 G}{\partial T^2})_p \tag{1.10}$$

$$(\frac{\partial^2 G}{\partial p^2})_T = -(\frac{\partial V}{\partial p})_T = -\kappa V , \text{ 即 } \kappa = -\frac{1}{V}(\frac{\partial^2 G}{\partial p^2})_T \tag{1.11}$$

可以看出，已知吉布斯自由能 G 随系统温度 T 和压强 p 变化关系，则利用吉布斯自由能函数 $G(T, p)$ 的一阶偏微分可以获得熵 S 和体积 V，利用吉布斯自由能函数 $G(T, p)$ 的二阶偏微分可以获得等压热容 C_p 和压缩系数 κ。

此外，根据偏导数的性质

$$(\frac{\partial S}{\partial p})_T = -(\frac{\partial V}{\partial T})_p \tag{1.12}$$

式(1.12)给出了等温加压时熵的改变和等压加热时体积的改变这两种性质之间的关系。

4. 内能函数 $U(S, V)$

式(1.1)中，若均相系统的独立变量为 S 和 V，则内能函数 $U(S, V)$ 为特性函数。因为

$$T = (\frac{\partial U}{\partial S})_V , \quad p = -(\frac{\partial U}{\partial V})_S \tag{1.13}$$

可以看出，利用内能函数 $U(S, V)$ 的一阶偏导数可以获得温度 T 和压强 p。

特别地，根据焓 H、亥姆霍兹自由能 F 和吉布斯自由能 G 的定义

$$H = U + pV = U - V(\frac{\partial U}{\partial V})_S \tag{1.14}$$

$$F = U - TS = U - S(\frac{\partial U}{\partial S})_V \tag{1.15}$$

$$G = H - TS = U - V(\frac{\partial U}{\partial V})_S - S(\frac{\partial U}{\partial S})_V \tag{1.16}$$

可见，利用 S 和 V 为独立变量，已知特性函数 $U(S, V)$，可以获得所有的热力学状态函数。

由于熵 S 不易测量，因此式(1.1)还可以改写为

$$\begin{aligned} dU &= T(\frac{\partial S}{\partial T})_V dT + T(\frac{\partial S}{\partial V})_T dV - pdV \\ &= T(\frac{\partial S}{\partial T})_V dT + \left[T(\frac{\partial S}{\partial V})_T - p\right]dV \end{aligned} \tag{1.17}$$

故

$$(\frac{\partial U}{\partial T})_V = T(\frac{\partial S}{\partial T})_V \tag{1.18}$$

$$(\frac{\partial U}{\partial V})_T = T(\frac{\partial S}{\partial V})_T - p \tag{1.19}$$

若将熵 S 进一步改写，可得

$$(\frac{\partial U}{\partial V})_T = T(\frac{\partial p}{\partial T})_V - p \tag{1.20}$$

式(1.20)说明了热力学系统内能与体积的关系。这一关系是纳米晶体材料体积膨胀模型的根源，详见后文。

5. 焓函数 $H(S, p)$

式(1.1)中，若均相系统的独立变量为 S 和 p，则焓函数 $H(S, p)$ 为特性函数。因为

$$d(U + pV) = dH = TdS + Vdp \tag{1.21}$$

根据全微分特性

$$T = (\frac{\partial H}{\partial S})_p，\quad V = (\frac{\partial H}{\partial p})_S \tag{1.22}$$

因焓 H 不易测量，故式(1.21)可以改写为

$$\begin{aligned} dH &= T(\frac{\partial S}{\partial T})_p dT + T(\frac{\partial S}{\partial p})_T dp + Vdp \\ &= T(\frac{\partial S}{\partial T})_p dT + \left[T(\frac{\partial S}{\partial p})_T + V\right]dp \end{aligned} \tag{1.23}$$

故

$$(\frac{\partial H}{\partial T})_p = T(\frac{\partial S}{\partial T})_p \tag{1.24}$$

$$(\frac{\partial H}{\partial p})_T = T(\frac{\partial S}{\partial p})_T + V \tag{1.25}$$

若将焓 H 进一步改写，可得

$$\left(\frac{\partial H}{\partial p}\right)_T = T - V\left(\frac{\partial V}{\partial T}\right)_p \tag{1.26}$$

式(1.26)说明了热力学焓与体积的关系。

特性函数是所有状态函数的核心。分析可知，特性函数总共有 12 个，分别为：$U(S,V)$，$H(S,p)$，$F(T,V)$，$G(T,p)$，$S(U,V)$，$S(H,p)$，$V(U,S)$，$V(F,T)$，$T(F,V)$，$T(G,p)$，$p(H,S)$，$p(G,T)$。利用上述任何一个特性函数，都可以获得系统的所有热力学性质。下面介绍 3 个重要的应用。

6. 等压热容与等容热容

根据式(1.4)、式(1.18)和式(1.10)、式(1.24)，可得

$$C_V = \left(\frac{\partial U}{\partial T}\right)_V = T\left(\frac{\partial S}{\partial T}\right)_V,\quad C_p = \left(\frac{\partial H}{\partial T}\right)_p = T\left(\frac{\partial S}{\partial T}\right)_p \tag{1.27}$$

两式相减，并应用公式

$$\left(\frac{\partial S}{\partial T}\right)_p = \left(\frac{\partial S}{\partial T}\right)_V + \left(\frac{\partial S}{\partial V}\right)_T\left(\frac{\partial V}{\partial T}\right)_p \tag{1.28}$$

于是

$$C_p - C_V = T\left(\frac{\partial S}{\partial V}\right)_T\left(\frac{\partial V}{\partial T}\right)_p \tag{1.29}$$

因此

$$C_p - C_V = T\left(\frac{\partial p}{\partial T}\right)_V\left(\frac{\partial V}{\partial T}\right)_p \tag{1.30}$$

式(1.30)为等压热容和等容热容之间的关系。对于理想气体，可以利用理想气体状态方程 $pV = nRT$ 求解：

$$C_p - C_V = nR \tag{1.31}$$

7. 实际气体体积修正

理想气体与实际气体在性质上具有一定的偏差，为了更好地处理这类偏差问题，可以使用修正法。溶液的活度和气体的逸度思路相同。

实际气体的体积与理想气体不同(偏差 B 是温度的函数)，根据理想气体方程 $pV = nRT$ 有

$$p(V - B) = nRT \tag{1.32}$$

于是

$$(\frac{\partial p}{\partial T})_V=\frac{nR}{V-B}+\frac{nRT}{(V-B)^2}(\frac{\partial B}{\partial T})_V \tag{1.33}$$

而 $\mathrm{d}U=T\mathrm{d}S-p\mathrm{d}V$，则

$$(\frac{\partial U}{\partial V})_T=T(\frac{\partial S}{\partial V})_T-p=T(\frac{\partial p}{\partial T})_V-p \tag{1.34}$$

因此

$$\begin{aligned}(\frac{\partial U}{\partial V})_T&=\frac{nRT}{V-B}+\frac{nRT^2}{(V-B)^2}(\frac{\partial B}{\partial T})_V-p\\&=\frac{nRT^2}{(V-B)^2}(\frac{\partial B}{\partial T})_V=\frac{nRT^2}{(V-B)^2}\frac{\mathrm{d}B}{\mathrm{d}T}\end{aligned} \tag{1.35}$$

8. 广义力和耦合场

根据应力场、温度场、电场和磁场等耦合场的做功规律，假设广义力(如表面张力)为 Y_r，增加的表面积为 $\mathrm{d}A$，则系统亥姆霍兹自由能 F 为

$$\mathrm{d}F=-S\mathrm{d}T+Y_\mathrm{r}\mathrm{d}A \tag{1.36}$$

根据全微分特性

$$(\frac{\partial F}{\partial T})_{Y_\mathrm{r}}=-S\ ,\quad (\frac{\partial F}{\partial A})_T=Y_\mathrm{r} \tag{1.37}$$

此外，根据偏导数的性质

$$\frac{\partial}{\partial Y_\mathrm{r}}(\frac{\partial F}{\partial T})_{Y_\mathrm{r}}=\frac{\partial}{\partial T}(\frac{\partial F}{\partial Y_\mathrm{r}})_{Y_\mathrm{r}} \tag{1.38}$$

即

$$-(\frac{\partial S}{\partial Y_\mathrm{r}})_{Y_\mathrm{r}}=(\frac{\partial Y_\mathrm{r}}{\partial T})_S \tag{1.39}$$

而根据热力学第二定律 $\mathrm{d}S=\delta Q/T$

$$(\frac{\partial Y_\mathrm{r}}{\partial T})_S=-\frac{1}{T}(\frac{\delta Q}{\mathrm{d}S})_T \tag{1.40}$$

可见，广义力 Y_r 随温度的升高而降低。由于式(1.40)由热力学第一定律和第二定律推导，未作任何简化处理，因此适用于任何热力学系统，如纳米晶体材料系统。

1.2.2　配分函数

统计热力学从 19 世纪开始发展，首先由麦克斯韦和玻尔兹曼在气体分子运动

论方面做出了基础性的工作。他们由气体分子运动规律推导出气体的压强、导热系数等宏观性质。1902 年，物理化学家吉布斯出版了《统计力学基本原理》一书，提出统计热力学的系综理论，在更高层次上对统计力学做了理论上的总结。

早期的统计热力学建立在牛顿力学的基础上，认为分子运动遵循经典力学，微观粒子的运动状态用广义空间坐标和广义动量描述，没有考虑测不准原理和基本粒子能量量子化因素，从而导致了经典统计力学的结论在某些情况下不适用。例如，多原子气体的热容和低温下固体物质的比热容的统计计算值与实际测量值不符。

统计热力学的分析方法主要利用麦克斯韦-玻尔兹曼统计、玻色-爱因斯坦统计和费米-狄拉克统计计算系统的配分函数，并使用配分函数的偏导数求解基本热力学函数，进而确定系统的全部平衡性质。据此，可以认为配分函数是特性函数的微观表述[3-5]。以玻尔兹曼分布为例，考虑测不准原理和基本粒子能量量子化因素后，配分函数为

$$Z = \sum_l \omega_l \mathrm{e}^{-\beta \varepsilon_l} \tag{1.41}$$

式中，β 为拉格朗日乘子；ε_l 为粒子的第 l 个能级；ω_l 为能级 ε_l 的简并度。可以发现，配分函数 Z 为 β 和 ε_l 的函数。

由于 $\beta=1/kT$（k 为玻尔兹曼常量，T 为热力学温度），ε_l 仅为外参量 y 的函数，因此 Z 对应的独立变量为 (T, y)。至于 y 是什么量，依系统不同而异。

对于简单可压缩系统，根据外参量的概念可知，y 即为体积 V，因此简单可压缩系统的配分函数对应的独立变量为 (T, V)。这样，Z 就自然地与特性函数亥姆霍兹自由能 F 对应起来，它们之间所满足的定量关系可以容易地求出

$$F = -NkT \ln Z \tag{1.42}$$

式中，N 为系统所含粒子总数。

对于其他热力学量来说，它们与配分函数的关系为

内能
$$U = -N \frac{\partial}{\partial \beta} \ln Z \tag{1.43}$$

广义力
$$Y_{\mathrm{r}} = -\frac{N}{\beta} \frac{\partial}{\partial y} \ln Z \tag{1.44}$$

熵
$$S = Nk\left(\ln Z - \beta \frac{\partial}{\partial \beta} \ln Z\right) \tag{1.45}$$

可见，亥姆霍兹自由能函数 $F(T, V)$ 中不含有对 $\ln Z$ 求偏导数的项，这是 F 与 Z 的特殊关系所决定的。

1.2.3　能态密度

20世纪初，物理学在其全面范围内进行了一场量子力学的革命，统计热力学也相应地得到了修正和发展。现代统计热力学的力学基础是量子力学，而且其统计方法也需要改变。

玻色和爱因斯坦提出，自旋量子数为整数(0,1,…)的玻色子，如希格斯粒子、光子和胶子等基本粒子，介子和氘核等复合粒子遵守玻色-爱因斯坦统计；而费米和狄拉克提出，自旋为半奇数(1/2,3/2,…)的费米子遵守费米-狄拉克统计。在晶体系统，爱因斯坦和德拜提出了固体统计理论，使得统计热力学从经典统计力学发展到量子统计力学理论。

1. 气体热容

一般温度条件下，分子的电子和原子核处于基态。如果选择基态能量为零，则可得到

$$\ln Z = \ln Z_t + \ln Z_r + \ln Z'_v \tag{1.46}$$

式中，Z_t为平动配分函数；Z_r为转动配分函数；Z'_v为振动配分函数。

对于1mol气体物质，等容热容由平动项$C_{V,m}^t$、转动项$C_{V,m}^r$和振动项$C_{V,m}^v$贡献

$$C_{V,m} = C_{V,m}^t + C_{V,m}^r + C_{V,m}^v \tag{1.47}$$

根据平动配分函数

$$Z_t = \left(\frac{2\pi mkT}{h^2}\right)^{3/2} \cdot V \tag{1.48}$$

式中，h为普朗克常量，得$C_{V,m}^t = 3R/2$。

根据转动配分函数，线型分子

$$Z_r = \frac{T}{\sigma\theta_r} \tag{1.49}$$

式中，θ_r为转动特征温度；σ为分子的转动对称数。

高温时，得$C_{V,m}^r$趋近于0。

根据振动配分函数，双原子分子

$$Z' = \frac{1}{1-e^{-\theta_v/T}} \tag{1.50}$$

式中，θ_v为振动特征温度。

当温度远小于振动特征温度时，$C_{V,m}^v$趋近于0；当温度远大于振动特征温度时，$C_{V,m}^v = R$。

2. 晶体热容

对于晶体热容，在常温和高温下为常数，且温度越高，比热容越接近经典值，即杜隆-珀蒂定律 $C_{V,\mathrm{m}}=3R=24.94\ \mathrm{J\cdot K^{-1}\cdot mol^{-1}}$。但在低温下，物质的比热容与温度的三次方成正比。经典的统计热力学无法对此作出合理解释。

爱因斯坦首先将量子力学引入固体理论。他认为晶体是一个巨大的分子集团，如体系中含有 N 个原子，每一个原子的自由度为3，故晶体中的运动自由度为 $3N$。其中，平动自由度为3，转动自由度为3，振动自由度为 $3N-6$。对于宏观热力学体系，N 的数量非常大(10^{23})，可以认为晶体由 $3N$ 个自由度组成，其他运动的自由度可以忽略不计。

根据分析力学哈密顿理论，选择合适的坐标系，可将 $3N$ 个振动分解为 $3N$ 个独立的简正运动，且每个简正振动的能级公式和能级简并度与简谐振动类似。

假设 $3N$ 个简正振动的频率均相同，体系的配分函数为 $3N$ 个相同简正振动配分函数的乘积。

简正振动能级为 $\varepsilon=(n+1/2)h\nu$，$n=0, 1, 2,\cdots$ 为振动量子数。因各能级的简并度为1，$Z_{\mathrm{v}}=\exp(-h\nu/2kT)\ \{1/[1-\exp(-h\nu/kT)]\}$。令爱因斯坦特征温度 $\Theta_{\mathrm{E}}=h\nu_{\mathrm{E}}/k$

$$U=3NkT^{2}\left(\frac{\partial\ln Z}{\partial T}\right)_{V,N} \tag{1.51}$$

可得

$$U=3Nh\nu_{\mathrm{E}}/[\exp(h\nu_{\mathrm{E}}/kT)-1]+E_{0} \tag{1.52}$$

式中，ν_{E} 为爱因斯坦特征频率；E_0 为振动零点能($3/2Nh\nu_{\mathrm{E}}$)。对式(1.52)求温度的偏微分即得等容热容。

爱因斯坦理论较好地解释了晶体在高温和接近绝对零度时的热容值，但在中间温度段的热容值与实验的数据相差较远。

德拜在爱因斯坦理论的基础上，将 $3N$ 个简正振动的频率视为 $0\sim\nu_{\mathrm{m}}$ 的频谱(声子谱)，一个简正振动相当于一个驻波，较好地解决了问题

$$C_{V,\mathrm{m}}=3R[4D(x)-3x_{\mathrm{D}}/(\exp x_{\mathrm{D}}-1)] \tag{1.53}$$

且

$$D(x)=3/x_{\mathrm{D}}^{3}\int_{0}^{x_{\mathrm{D}}}x^{3}\mathrm{d}x/(\exp x-1)$$
$$x=h\nu/kT,\quad x_{\mathrm{D}}=h\nu_{\mathrm{D}}/kT \tag{1.54}$$

式中，ν_{D} 为最大振动频率。$\Theta_{\mathrm{D}}=h\nu_{\mathrm{D}}/k$，为德拜特征温度。

德拜理论利用量子力学完善了经典统计力学理论，在高温、中温和低温领域都与实验值吻合较好，是特性函数和配分函数的核心。

参 考 文 献

[1] 苏铁健, 王琳. 有关热力学特性函数与判据的教学探讨[J]. 化工高等教育, 2016, 33(3): 100-102, 105.
[2] 黄在银, 范高超, 谭学才. 化学热力学方法及其纳米物理化学应用[M]. 北京: 科学出版社, 2016.
[3] 吴奇学. 关于特性函数的讨论[J]. 漳州师院学报, 1994, 8(4): 54-57, 65.
[4] 薛国良. 特性函数与配分函数[J]. 河北大学学报(自然科学版), 1986, 3: 90-92.
[5] 黄国翔. 特性函数与配分函数的关系[J]. 湘潭大学自然科学学报, 1987, 1: 67-73.

第 2 章　纳米晶体材料尺寸效应的热力学解析

尺寸效应是材料微观粒子运动状态与宏观性能的桥梁(0.1 nm 以下的原子内部结构已经属于原子核物理、粒子物理的范畴)，它对理解和分析材料各种特性有突出意义，对研究和设计高性能新材料有重大价值，已成为当前科学研究热点。本章利用热力学物态方程和化学键理论对纯金属纳米粒子的尺寸效应进行物理分析与数学建模，并推广至任意维度和形状的纳米晶体材料。

2.1　块体材料的物态方程

近代原子物理学的研究表明，分子是一个化学纯的物质的最小单位，而原子是在化学反应中不改变的最小单位。一个分子可以就是一个原子，也可以是几个原子组合成的[1]。

原子能结合为晶体的根本原因在于原子结合后整个系统具有更低的能量[2]。设想把分散的原子(离子或分子)结合成晶体，这个过程中将有一定的能量 W 释放出来，称为结合能；如果以分散的原子作为计量内能的标准，则 $-W$ 是结合成晶体后系统的内能。需要注意的是，将晶体分成孤立的原子所需要的能量也称内聚能。

因此，利用原子的键合机理和晶体的结合机制，有望获得纳米晶体材料尺寸效应物理模型，以及应力场、温度场、磁场和电场对纳米晶体材料的作用规律。

2.1.1　原子相互作用势

图 2.1 为某双原子分子的势能曲线[2]。两个原子从无穷远处相互靠近时，由于静电力的作用，两个原子相互吸引，体系的势能逐渐下降。通常，不同晶体的结合类型，静电力的产生原因、类型、大小和特点都不相同，但都可以归结为静电力。

随着这两个原子在引力作用下不断靠近，各自的电子云将从最外层到次外层依次重叠。根据泡利不相容原理，重叠的电子不可能稳定存在于原有壳层上，某些重叠的电子必须进入新的电子壳层，因此两个原子相互排斥，体系的势能逐渐增加。一般来说，金属键和共价键的斥力上升最快，离子键次之，分子键最慢。该规律可以根据两个原子在相互靠近时作用力的变化关系进行验证。

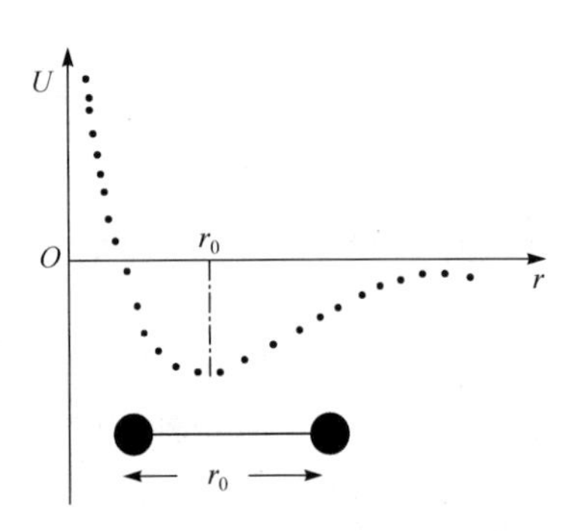

图 2.1　双原子分子的势能曲线

根据 Thomas-Fermi 模型，随着共有化电子密度增加，共有化电子的动能将增加。当静电引力和电子云斥力相互平衡时，原子能量最低，此时两原子的平衡间距 r_0 等于晶格常数 a。

根据静电引力、电子云斥力和原子间距关系，相互作用势能函数φ可表示为

$$f(r) = -\frac{\mathrm{d}\varphi}{\mathrm{d}r} \tag{2.1}$$

式中，$f(r)$为原子相互作用力，由静电引力和电子云斥力共同作用。

平衡间距为 r_0 时，势能曲线出现转折

$$\left.\frac{\mathrm{d}f(r)}{\mathrm{d}r}\right|_{r_0} = -\left.\frac{\mathrm{d}^2\varphi}{\mathrm{d}r^2}\right|_{r_0} = 0 \tag{2.2}$$

通常，双原子分子的势能曲线可以用幂函数表示。更详细的势函数形式将在第 3 章力学特性一节介绍

$$\varphi(r) = -\frac{A}{r^m} + \frac{B}{r^n} \tag{2.3}$$

式中，第一项为吸引能，第二项为排斥能。A、B、n 和 m 均为大于 0 的常数，其值取决于材料特性。

根据不同的标度和测量方法，原子半径的定义不同，常见的有轨道半径、范德华半径(也称范氏半径)、共价半径和金属半径等。同一原子依不同定义得到的原子半径差别可能很大。本书在验算金属材料时统一采用金属半径。

2.1.2　理想晶体的结合

图 2.2 为二维原子堆积模型。图 2.3 分别为二维对应的三维简单立方、体心立方和面心立方原子堆积模型。二维或三维堆积模型都由大量原子按一定规则有序排列成理想晶体。此时可认为原子静止在平衡位置，结合能等于内能，动能等于 0。

设将势能为 0 的 N 个无穷远处的原子逐渐靠近并结合成理想晶体，该过程中晶体体积和表面积将逐渐减小。该过程并不少见，如气相沉积和电化学沉积等。

为实现理想晶体体积和表面积的减小，可以对理想晶体施加一定的外压。设施加的外压为 p，最终晶体体积为 V，定义外压对系统做功为负，则外压做功的大小 $p(-\mathrm{d}V)$ 等于系统能量的增加

$$dW = p(-dV), \quad p = -\frac{dW}{dV} \tag{2.4}$$

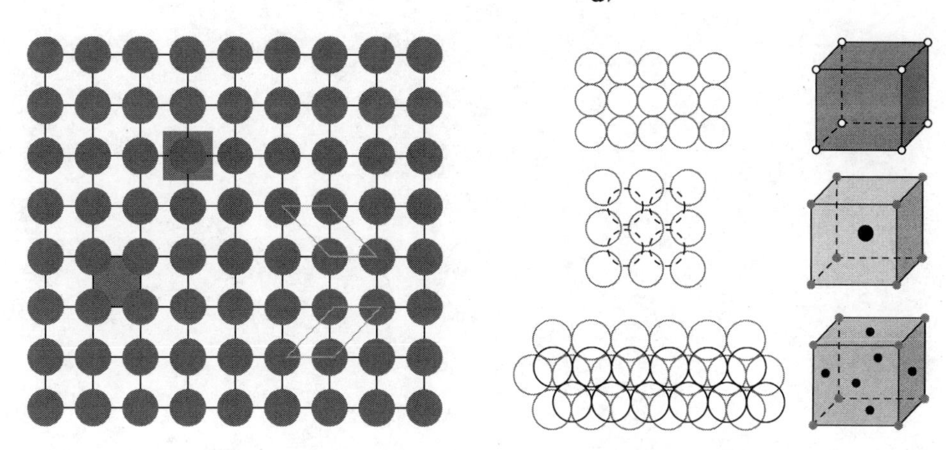

图 2.2　二维原子堆积模型

图 2.3　二维对应的三维简单立方、体心立方和面心立方原子堆积模型

理想晶体体积和表面积的变化可以用比表面积表示，其定义为每单位体积物质所具有的表面积，故半径为 R 的球形粒子的比表面积为

$$A_0 = \frac{A}{V} = \frac{4\pi \cdot R^2}{\frac{4}{3}\pi \cdot R^3} = \frac{3}{R} \tag{2.5}$$

式中，A_0 为比表面积；A 为总表面积；V 为晶体体积。

由式(2.4)可知，结合能与理想晶体体积有关，引入体积模量 K

$$\Delta p = -K \cdot \frac{\Delta V}{V} = -K \cdot \frac{dV}{V}, \quad K = \frac{dp}{-\frac{dV}{V}} = V\frac{d^2W}{dV^2} \tag{2.6}$$

式(2.5)和式(2.6)是处理纳米晶体材料的尺寸效应的重要工具，后面将详细讨论。

2.2　金属纳米粒子尺寸效应物理模型

2.2.1　建模思想

根据热力学物态方程和化学键理论，设计一个从平衡态的金属块体材料到平衡态的金属纳米粒子的热力学平衡过程(反之亦可)，分析该平衡过程中热力学参数的变化规律(图 2.4)，可以获得金属纳米粒子尺寸效应物理模型[3-6]。

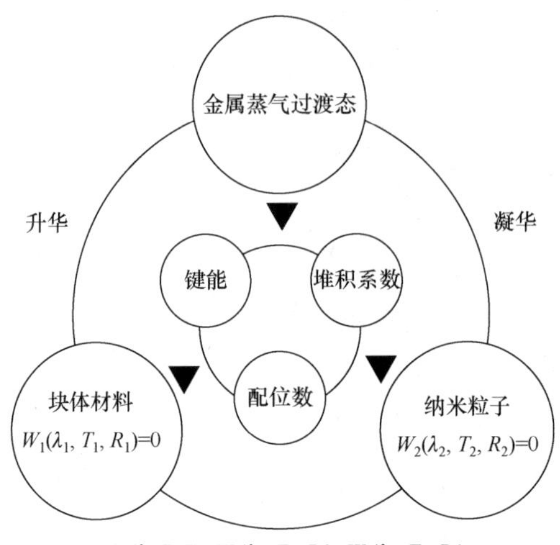

图 2.4　平衡态热力学过程设计

(1)金属纳米粒子的表面原子数占总原子数的比例极大,表面原子数的增加将使表层原子配位不全，产生大量悬空键和不饱和键。这些悬空键和不饱和键以新的表面的形式存在，且原子逐渐靠近并结合成理想晶体时系统的体积和比表面积都不断发生变化，因此可以使用表面张力和比表面积处理纳米粒子能量问题。

(2)金属块体材料(平衡态 1)。根据喀喇氏(Caratheodory)温度定理[7]，设该状态的物态方程为$W_1(\lambda_1,T_1,R_1)=0$。其中，W_1为金属块体材料的能量，λ_1为金属块体材料的键能和结构函数，T_1为金属块体材料的温度，R_1为金属块体材料的晶粒尺寸。

(3)金属纳米粒子(平衡态 2)。同理，设该状态的物态方程为$W_2(\lambda_2,T_2, R_2)=0$。其中，$W_2$为金属纳米粒子的能量，$\lambda_2$为金属纳米粒子的键能和结构函数，$T_2$为金属纳米粒子的温度，$R_2$为金属纳米粒子的尺寸。

(4)平衡态热力学过程设计:分别将金属块体材料和金属纳米粒子原子拆散为孤立原子。可采用真空升华法实现这一过程。设该过程中系统的最终温度相同，$T_2=T_1$，则金属块体材料和金属纳米粒子系统能量随各热力学参数的变化规律为$\Delta W(\lambda,T,R)=W_1(\lambda_1,T_1,R_1)-W_2(\lambda_2,T_1,R_2)$。

2.2.2　建模过程

1. 物理模型

图 2.5 为金属纳米粒子尺寸效应物理模型原理图[3-5]，为平衡态热力学过程的简化。其中，图 2.5(a)为理想晶体，其原子半径为 r_0，平均密度为ρ_0；图 2.5(b)为球形纳米粒子(纳米薄膜、纳米管和纳米线的热力学过程类似)。从理想晶体中取出半径为 R_0 的球形纳米粒子(简称内部粒子)。取出过程中化学键将发生断裂，

且由于表面张力的存在，取出的球形纳米粒子将发生晶格收缩，此时球形纳米粒子(简称外部粒子)半径变为 R，平均密度变为ρ_{n}，原子半径变为 r。本模型具有较好的实验基础：纳米粒子的精细结构与图 2.5(b)吻合[6]。

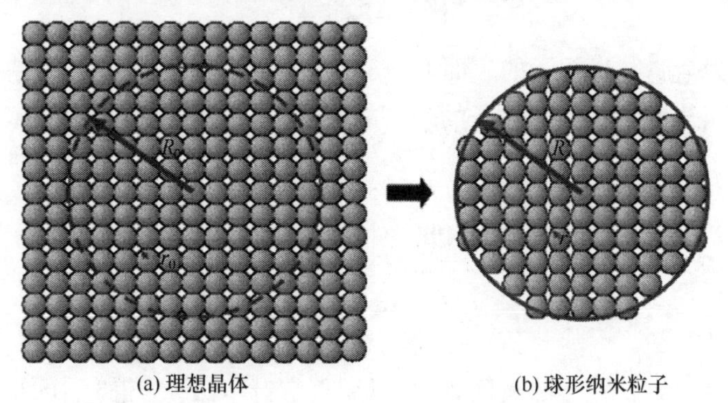

(a) 理想晶体　　(b) 球形纳米粒子

图 2.5　金属纳米粒子尺寸效应物理模型原理图

上述过程中原子数没有发生变化，根据质量守恒定律

$$\rho_{\mathrm{b}} \cdot \frac{4}{3}\pi R_0^3 = \rho_{\mathrm{n}} \cdot \frac{4}{3}\pi R^3,\quad \rho_{\mathrm{b}} \cdot \frac{4}{3}\pi r_0^3 = \rho_{\mathrm{n}} \cdot \frac{4}{3}\pi r^3$$

$$\frac{\rho_{\mathrm{b}}}{\rho_{\mathrm{n}}} = (\frac{R}{R_0})^3 = (\frac{r}{r_0})^3 \tag{2.7}$$

具体地，根据晶体结构和几何特征

$$\frac{R_0^3}{r_0^3} = \frac{R^3}{r^3} = \frac{N}{\eta} \qquad (\text{即}\ \frac{\rho_{\mathrm{n}}}{\rho_{\mathrm{b}}} = \frac{N r_0^3}{\eta R^3}) \tag{2.8}$$

式中，N 为粒子总原子数；η 为原子堆积系数，可以根据单位晶胞内所有原子的体积 V_{atom} 和该晶胞的体积 V_{cell} 计算。常见金属材料不同晶体结构原子堆积系数如表 2.1 所示。

$$\eta = \frac{V_{\mathrm{atom}}}{V_{\mathrm{cell}}} \tag{2.9}$$

表 2.1　不同晶体结构原子堆积系数

序号	晶体结构	η
1	体心立方结构(BCC)	0.68
2	面心立方结构(FCC)	0.74
3	密排六方结构(HCP)	0.74
4	四方结构(BCT)	0.74
5	菱方结构(BCT)	0.74

金属纳米粒子尺寸效应物理模型原理图中，理想晶体内部粒子的能量减少了ΔW，外部粒子增加了表面能和晶格畸变能。根据能量守恒定律

$$\Delta W = \Delta W_1 + \Delta W_2 \tag{2.10}$$

式中，ΔW_1为金属纳米粒子的表面能；ΔW_2为金属纳米粒子的晶格畸变能。

根据表面热力学，外部粒子的表面能为

$$\begin{aligned}\Delta W_1 &= \gamma_n \cdot A \\ &= \gamma_n \cdot 4\pi \cdot R_0^2 \\ &= \gamma_n \cdot N \cdot 4\pi \cdot r_0^2 \cdot \frac{r_0}{R} \cdot \frac{1}{\eta} \cdot \left(\frac{\rho_b}{\rho_n}\right)^{\frac{1}{3}}\end{aligned} \tag{2.11}$$

式中，γ_n为金属纳米粒子的表面张力(可用真空升华法[8]测得，后面将详细说明)；A为新增加的表面积，球形粒子的表面积为$A = 4\pi \cdot R_0^2$。

晶格畸变能为

$$\begin{aligned}\Delta W_2 &= \gamma_n \cdot 4\pi(R^2 - R_0^2) \\ &= \gamma_n \cdot 4\pi \cdot R_0^2 \cdot \left[\left(\frac{\rho_b}{\rho_n}\right)^{\frac{2}{3}} - 1\right] \\ &= \gamma_n \cdot N \cdot 4\pi \cdot r_0^2 \cdot \frac{r_0}{R} \cdot \frac{1}{\eta} \cdot \left[\frac{\rho_b}{\rho_n} - \left(\frac{\rho_b}{\rho_n}\right)^{\frac{1}{3}}\right]\end{aligned} \tag{2.12}$$

将式(2.11)和式(2.12)代入式(2.10)，得

$$\Delta W = \gamma_n \cdot N \cdot 4\pi \cdot r_0^2 \cdot \frac{r_0}{R} \cdot \frac{1}{\eta} \cdot \frac{\rho_b}{\rho_n} \tag{2.13}$$

2. 纳米粒子单位能量

根据结合能的定义，把金属块体材料分散成孤立的原子，这个过程将吸收一定的能量(可用真空升华法测得)[3]

$$W_0 = 2 \cdot \gamma_b \cdot N \cdot 4\pi \cdot r_0^2 \tag{2.14}$$

金属材料的表面张力是表征原子键合的重要函数。Nanda 已通过实验证实金属块体材料的表面张力与金属纳米粒子的表面张力满足$\gamma_n / \gamma_b = \mathrm{CN}/2$关系[8]。其中，CN 为配位数，表示每个原子配对的化学键数目的参数。

不同晶体结构原子配位数如表 2.2 所示。

表 2.2　不同晶体结构原子配位数

序号	晶体结构	CN
1	体心立方结构(BCC)	8
2	面心立方结构(FCC)	12
3	密排六方结构(HCP)	12
4	简单立方结构(SC)	6
5	菱方结构(BCT)	6

将式(2.13)与式(2.14)相除，并结合 $\gamma_{\mathrm{n}}/\gamma_{\mathrm{b}}=\mathrm{CN}/2$ 关系得

$$\frac{\Delta W}{W_0}=\frac{\mathrm{CN}}{4}\cdot\frac{r_0}{R}\cdot\frac{\rho_{\mathrm{b}}}{\rho_{\mathrm{n}}}\cdot\frac{1}{\eta} \tag{2.15}$$

式(2.15)为金属纳米粒子尺寸效应物理模型。可以看出，热力学平衡过程中能量的变化与粒子半径成反比：粒子尺寸越小，能量变化量越大，尺寸效应越明显；粒子尺寸越大，能量变化量越小，尺寸效应越不明显。

结合式(2.13)，从理想晶体内部取出粒子时，外界所做的非体积功等于结合能的变化 ΔE [3]，因此

$$\frac{\Delta W}{W_0}=\frac{\Delta E}{E_0}=\frac{\mathrm{CN}}{4}\cdot\frac{r_0}{R}\cdot\frac{\rho_{\mathrm{b}}}{\rho_{\mathrm{n}}}\cdot\frac{1}{\eta} \tag{2.16}$$

2.3　物理模型的扩展

2.3.1　适用范围

限于当前计算机系统的运算能力，第一性原理和分子动力学模拟计算的原子数较少，扩展计算模拟范围极有必要。

1. Au 金属纳米粒子

为验证金属纳米粒子粒径和原子数之间的关系，比较 Au 金属纳米粒子的分子动力学模拟结果[9]和金属纳米粒子尺寸效应物理模型计算结果(表 2.3)。N_0 为分子动力学模拟结果，计算过程中，未考虑密度和晶格畸变的尺寸效应，且计算原子数由公式 $N_0=\eta R^3/r_0^3$ 给出。其中，r_0 为原子半径，R 为粒径，Au 为面心立方结构，η=0.74。Nanda[8]认为 $N^{1/3}=R/r$，用该关系计算的理论结果与分子动力学模拟结果不能吻合。可以预见，用错误的原子数关系推导出的物理模型，其物理机制必然存在不清之处。

表 2.3　Au 金属纳米粒子的分子动力学模拟结果和模型计算结果

参数	R/nm									
	1.97	2.21	2.47	2.75	3.01	3.25	3.51	3.77	4.04	4.31
r_0/nm	0.1442	0.1442	0.1442	0.1442	0.1442	0.1442	0.1442	0.1442	0.1442	0.1442
N	1887	2664	3719	5133	6730	8515	10722	13281	16339	19834
N_0	2048	2916	4000	5324	6912	8788	10976	13500	16384	19652
$\frac{N_0-N}{N_0}$	0.079	0.086	0.070	0.036	0.026	0.036	0.028	0.020	0.007	–0.005
$\frac{N_0 r_0^3}{\eta R^3}$	1.085	1.095	1.076	1.037	1.027	1.037	1.028	1.021	1.007	0.995

金属纳米粒子尺寸效应物理模型计算的 Au 金属纳米粒子计算原子数与分子动力学模拟结果较为接近。粒径减小，晶格发生畸变，在 2.21 nm 时，差异率最大为 0.086；在 4.31 nm 时，差异率仅为–0.005，说明在建模分析时引入密度和晶格畸变能是必要的。

图 2.6 为 Au 金属纳米粒子的分子动力学模拟结果[10]和金属纳米粒子尺寸效应物理模型计算结果。分子动力学模拟结果（N_0）和计算原子数（N）由表 2.3 给出。Au 金属纳米粒子的分子动力学模拟结果和金属纳米粒子尺寸效应物理模型计算结果有较好的吻合度。该模型的计算原子数最大为 19834 个。

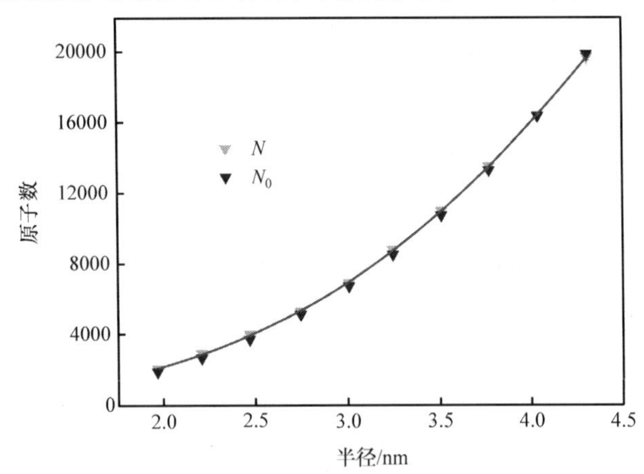

图 2.6　Au 金属纳米粒子的分子动力学模拟结果和模型计算结果

2. Ni 金属纳米粒子

表 2.4 为 Ni 金属纳米粒子的分子动力学模拟结果[10]和金属纳米粒子尺寸效应物理模型计算结果。表中分子动力学模拟方法、模型计算公式和各参数所代表的物理意义与表 2.3 一致。值得注意的是，Ni 为菱方结构，η=0.74。

表 2.4　Ni 金属纳米粒子的分子动力学模拟结果和模型计算结果

参数	R/nm									
	1.71	1.94	2.16	2.37	2.59	2.83	3.06	3.27	3.5	3.74
r_0/nm	0.1246	0.1246	0.1246	0.1246	0.1246	0.1246	0.1246	0.1246	0.1246	0.1246
N	1913	2793	3855	5092	6646	8670	10961	13376	16401	20068
N_0	2048	2916	4000	5324	6912	8788	10976	13500	16384	19652
$\frac{N_0-N}{N_0}$	0.066	0.042	0.036	0.044	0.038	0.013	0.001	0.009	−0.001	−0.021
$\frac{N_0 r_0^3}{\eta R^3}$	1.071	1.044	1.038	1.045	1.040	1.014	1.001	1.009	0.999	0.982

Ni 金属纳米粒子粒径增大，差异率逐渐减小，与分子动力学结果吻合较好。Ni 金属纳米粒子在 1.71 nm 时差异率最大为 0.066，在 3.5 nm 时差异率最小仅为−0.001。

图 2.7 为 Ni 金属纳米粒子的分子动力学模拟结果[9]和金属纳米粒子尺寸效应模型计算结果。分子动力学模拟结果(N_0)和计算原子数(N)由表 2.4 给出。分子动力学模拟结果和计算原子数较为接近。对于相同的原子数(以 N_0=19652 为例)，Au 金属纳米粒子的粒径为 4.31 nm，而 Ni 金属纳米粒子的粒径为 3.74 nm，相差了近 0.6 nm，这是因为堆积系数虽然相同，但 Ni 原子半径较 Au 小 0.02 nm。该模型计算原子数最大为 20068 个。

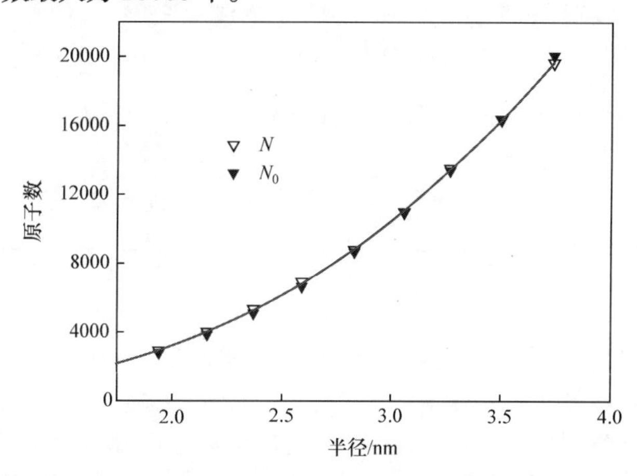

图 2.7　Ni 金属纳米粒子的分子动力学模拟结果和模型计算结果

3. Cu 金属纳米粒子

表 2.5 和表 2.6 为 Cu 金属纳米粒子的分子动力学模拟结果[9-10]和金属纳米粒子尺寸效应物理模型计算结果。表中模型计算公式和各参数所代表的物理意义与

表 2.3 一致，表 2.5 的分子动力学模拟方法、理论计算公式和各参数所代表的物理意义与表 2.3 一致，表 2.6 的分子动力学模拟方法和理论计算公式与表 2.2 一致，但模拟计算时的参数设置不同。

表 2.5　Cu 金属纳米粒子的分子动力学模拟结果 1 和模型计算结果

参数	R/nm									
	1.75	1.97	2.23	2.43	2.67	2.91	3.13	3.36	3.58	3.81
r_0/nm	0.1278	0.1278	0.1278	0.1278	0.1278	0.1278	0.1278	0.1278	0.1278	0.1278
N	1900	2710	3931	5087	6748	8736	10871	13448	16266	19607
N_0	2048	2916	4000	5324	6912	8788	10997	13500	16384	19652
$\frac{N_0-N}{N_0}$	0.072	0.071	0.017	0.045	0.024	0.006	0.011	0.003	0.007	0.002
$\frac{N_0 r_0^3}{\eta R^3}$	1.078	1.076	1.017	1.047	1.024	1.006	1.012	1.004	1.007	1.002

表 2.6　Cu 金属纳米粒子的分子动力学模拟结果 2 和模型计算结果

参数	R/nm									
	1.08	1.8	2.52	3.24	3.96	4.68	5.4	6.12	6.84	7.56
r_0/nm	0.1278	0.1278	0.1278	0.1278	0.1278	0.1278	0.1278	0.1278	0.1278	0.1278
N	447	2068	5673	12058	22015	36339	55824	81263	113450	153180
N_0	451	2091	5746	12213	22303	36812	56545	82316	114821	155165
$\frac{N_0-N}{N_0}$	0.010	0.011	0.013	0.013	0.013	0.013	0.013	0.013	0.012	0.013
$\frac{N_0 r_0^3}{\eta R^3}$	1.010	1.011	1.013	1.013	1.013	1.013	1.013	1.013	1.012	1.013

表 2.5 中 Cu 金属纳米粒子在 1.75 nm 时差异率最大为 0.072，在 3.81 nm 时差异率最小为 0.002。差异率的变化规律与表 2.3 和表 2.4 基本吻合；而表 2.6 中 Cu 金属纳米粒子在各尺寸的差异率基本接近，在 0.013 左右。表 2.5 和表 2.6 中差异的变化规律具有差别是因为两者在模拟计算时的参数设置不同。

图 2.8 为 Cu 金属纳米粒子的分子动力学模拟结果[9-10]和金属纳米粒子尺寸效应模型计算结果。分子动力学模拟结果(N_0)和计算原子数(N)分别由表 2.5 和表 2.6 给出。

虽然两种分子动力学模拟方法的参数设置不同，但都与理论原子数吻合。表 2.6 中给出的最大粒径为 7.56 nm，最大原子数(N_0)为 155165 时仍然与分子动力学模拟结果吻合较好，说明金属纳米粒子尺寸效应物理模型在较大尺寸时仍有一定的准确性。

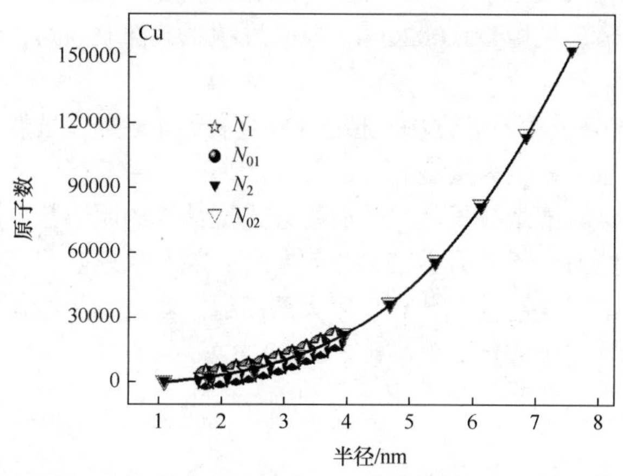

图 2.8　Cu 金属纳米粒子的分子动力学模拟结果和模型计算结果

4. 模型计算范围

Au、Ni 和 Cu 金属纳米粒子的分子动力学模拟结果[9-10]和金属纳米粒子尺寸效应物理模型计算结果如图 2.9 所示。分子动力学模拟结果（N_0）和计算原子数（N）分别由表 2.3～表 2.6 给出。

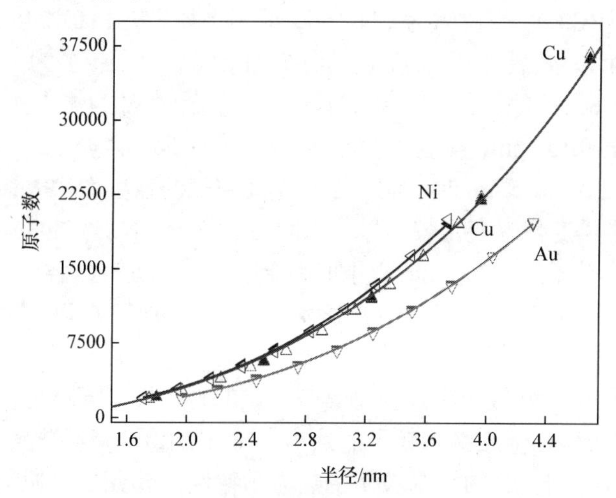

图 2.9　原子数精度比较

由此可以看出：

(1) 对于同一种分子动力学方法模拟的相同晶体结构的 Cu 和 Au 金属纳米粒子，当粒子尺寸较小时，计算原子数较为接近；当粒子尺寸较大时，计算原子数相差较大，这是因为 Cu 和 Au 的原子半径相差了 0.02 nm。

(2) 对于同种分子动力学模拟方法模拟的不同晶体结构的 Cu 和 Ni 金属纳米粒子，由于原子半径只相差 0.003 nm，原子堆积系数都取 0.74，因此两者的计算原子数较为接近。

(3) 对于不同分子动力学方法模拟的 Cu 金属纳米粒子，虽然参数设置有所不同，但都与计算原子数较为接近。

总的来说，金属纳米粒子尺寸效应物理模型计算的原子数范围大、精度高、无需复杂参数，能与分子动力学结果相互吻合，能有效地改善第一性原理和分子动力学模拟计算中反复迭代、计算量巨大的问题。若进一步考虑密度和晶格畸变的尺寸效应，计算原子数将更为准确。

2.3.2 适用对象

金属纳米粒子单位能量的变化是表征纳米粒子能量变化的重要指标。第一性原理和分子动力学模拟仅针对特定晶体结构，建立一定的物理模型并给出单一规律，扩展计算对象十分必要。

图 2.10 为 4 种不同原子半径和晶体结构的金属 Co、Ni、Au 和 W 纳米粒子能量变化率随粒径的变化规律[3]。其中，金属 Co 为密排六方结构(HCP)，原子半径为 $r_{0\mathrm{Co}}$= 0.1253 nm，配位数为 CN/2=6，表面张力为γ_{Co}=1.889 mN · m^{-1}；金属 Ni 为菱方结构(BCT)，配位数为 CN/2=6，原子半径为 $r_{0\mathrm{Ni}}$=0.1246 nm，表面张力为γ_{Ni}=1.8 mN·m^{-1}；金属 Au 为面心立方结构(FCC)，原子半径为 $r_{0\mathrm{Au}}$=0.1442 nm，配位数为 CN/2=6，表面张力为γ_{Au}=1.331 mN·m^{-1}；金属 W 为体心立方结构(BCC)，原子半径为 $r_{0\mathrm{W}}$=0.137 nm，配位数为 CN/2=4，表面张力为γ_{W}= 2.5 mN · m^{-1}。

当粒子尺寸大于 15 nm 时，能量变化率随粒径的减小而增大；当粒子尺寸在 5～15 nm 时，能量变化率变化较为显著，如 Co 为 2.2%、Ni 为 2.43%、Au 为 2.03%、W 为 2.39%；当粒子尺寸在 5 nm 以下时，能量变化率最为显著；尤其是 2 nm 时，Co 为 10.5%、Ni 为 9.56%、Au 为 9.18%、W 为 10.9%。可以认为，由于粒径减小，能量发生改变，呈现出尺寸效应。

金属纳米粒子尺寸效应物理模型具有一定的普适性。模型可适用于：①计算不同晶体的单相/纯相金属纳米粒子的热力学特性；②研究各类晶体(见统计热力学解析)—— 合金与化合物纳米粒子的热力学特性；③分析单相、合金与化合物纳米粒子不同晶面的热力学特性等。

肖纪美和朱逢吾[11]的《材料能量学》一书中援引爱因斯坦的一段话："理论的推理前提越简单，它所联系的不同事物越多，它的应用范围越广泛，则这个理论给人的印象就越深刻。因此，经典热力学……是具有普遍内容的唯一的物理理论。在它的基本概念适用范围内，它绝不会被推翻。"这可作模型应用范围的补充理解。

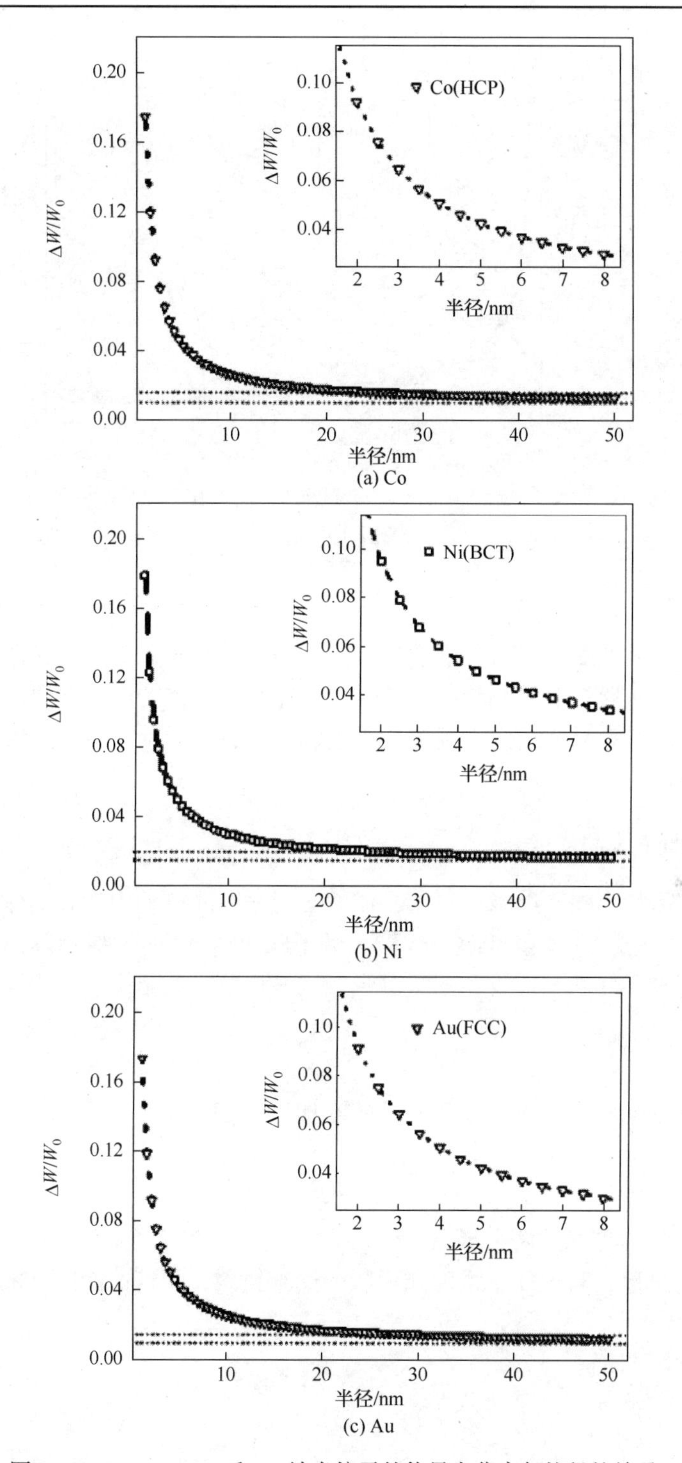

(a) Co

(b) Ni

(c) Au

图 2.10　Co、Ni、Au 和 W 纳米粒子的能量变化率与粒径的关系

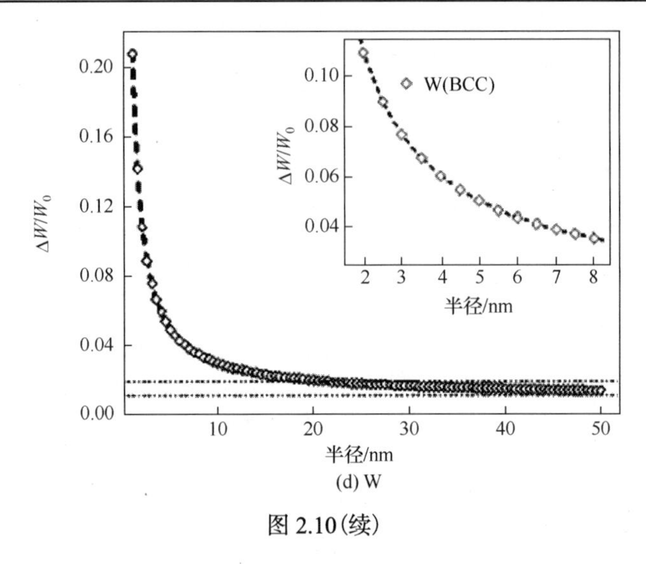

(d) W

图 2.10(续)

2.3.3 维度和形状

纳米材料从维度上包括零维纳米粒子、一维纳米线、二维纳米薄膜和三维纳米晶体材料，从形貌上涉及球形和各类多面体等。具体的第一性原理和分子动力学模拟仅针对特定晶体结构，规律适用范围不广，扩展计算对象的维度和形状刻不容缓。

1. Laplace 方程等效法

维度和形状不同，纳米材料的晶体学、力学、晶格动力学和晶体热力学特性也不相同。根据热力学 Laplace 方程[5]，对于球形纳米粒子，维持球形曲面所需的附加压强为

$$p = \frac{2\gamma_{\text{n}}}{R} \tag{2.17}$$

而对于椭球纳米粒子，维持曲面所需的附加压强变为

$$p = \frac{2\gamma_{\text{n}}}{2} \cdot \left(\frac{1}{R_1} + \frac{1}{R_2}\right) \tag{2.18}$$

式中，R_1、R_2为椭球的两个半径。

更进一步地，对于任意维度和形状的纳米材料，维持曲面所需的附加压强可等效为

$$p = \frac{2\gamma_{\text{n}}}{3} \cdot \left(\frac{1}{x} + \frac{1}{y} + \frac{1}{z}\right) \tag{2.19}$$

2. 不同维度晶格畸变率实例

根据式(2.19)可得(计算过程可参考文献[6])

(1)纳米线：$x=\infty$，$y=\infty$，$z=R$；

(2)纳米薄膜：$x=\infty$，$y=R$，$z=R$；

(3)纳米粒子：$x=R$，$y=R$，$z=R$。

由此可得不同维度金属纳米材料晶格畸变率的比例关系：

$$\Delta a_{\text{nanowire}} : \Delta a_{\text{nanofilm}} : \Delta a_{\text{nanoparticle}} = 1:2:3 \tag{2.20}$$

3. 等效直径法

另一种推算方法是等效直径法。等效直径法将不同维度和形状的纳米材料换算为二维纳米材料，计算其表面积的内在关系。本方法可与 Laplace 方程等效法相互印证。

分别将纳米粒子的所有原子置于表面，求出其等效原子直径 $H_{\text{nanoparticle}}$；纳米薄膜的所有原子置于表面上，求出其等效原子直径 H_{nanofilm}；纳米线的所有原子置于表面上，求出其等效原子直径 H_{nanowire}

$$\begin{gathered}\frac{4}{3}\pi R^3 = 4\pi R^2 \cdot H_{\text{nanoparticle}} \\ \pi R^2 = 2\pi R \cdot H_{\text{nanofilm}} \\ R = H_{\text{nanowire}}\end{gathered} \tag{2.21}$$

比较发现，式(2.20)与式(2.21)结果相同，即

$$H_{\text{nanowire}} : H_{\text{nanofilm}} : H_{\text{nanoparticle}} = 1:2:3 \tag{2.22}$$

4. 不同形状的等效处理

对于任意形状的纳米晶体材料，可以根据式(2.19)积分求解[5]，也可以根据 2.2.1 小节思想建立不同的物理模型。总而言之，Laplace 方程等效法可以适用于不同维度和形状的纳米晶体材料，处理范围较大。

2.3.4　耦合场作用

纳米晶体材料具有不同于传统材料的物理和化学性质，是潜力巨大的新一代高性能材料，有望应用于高温、强腐蚀和电磁场等复杂环境中。因此，扩展纳米晶体材料的多场耦合作用机制极为必要。

1. 应力场

外力作用下纳米晶体材料能量的变化规律已在金属纳米粒子尺寸效应物理模型中给出。对于单一应力场作用下，体系的体积将进一步发生变化，因此能量$\Delta W_{\text{stress field}}$可根据热力学推广[7]：

$$\Delta W_{\text{stress field}} = V\sum_{i,j} p_{ij}\mathrm{d}\varepsilon_{ij} \tag{2.23}$$

式中，p_{ij}为胁强张量；ε_{ij}为胁变张量；V为体积。

2. 温度场

对于单一温度场作用下，能量$\Delta W_{\text{temperature field}}$可根据热力学推广[7]：

$$\Delta W_{\text{temperature field}} = \frac{\mathrm{CN}}{4}\cdot\left(\gamma_{\mathrm{b}} - \frac{\mathrm{d}\gamma}{\mathrm{d}T}\Delta T\right)\cdot\frac{r_0}{R}\cdot\frac{\rho_{\mathrm{b}}}{\rho_{\mathrm{n}}}\cdot\frac{1}{\eta} \tag{2.24}$$

式中，γ_{b}为表面张力；T为热力学温度。

3. 磁场

对于单一磁场作用下，能量$\Delta W_{\text{magnetic field}}$可根据热力学推广[7]。当磁感应强度$\boldsymbol{B}$增加$\mathrm{d}\boldsymbol{B}$时，磁场$\boldsymbol{H}$所做的功为

$$\Delta W_{\text{magnetic field}} = \frac{V}{4\pi}\boldsymbol{H}\cdot\mathrm{d}\boldsymbol{B} \tag{2.25}$$

如果$\boldsymbol{H}$和$\boldsymbol{B}$处处不同，式(2.25)应改成对体积的积分

$$\Delta W_{\text{magnetic field}} = \frac{1}{4\pi}\int \boldsymbol{H}\cdot\mathrm{d}\boldsymbol{B}\mathrm{d}V \tag{2.26}$$

这里所用的单位属于高斯制，即磁场强度用奥斯特(Oe)，磁感应强度用高斯(G)，功的单位是尔格(erg)①。

引进磁化强度$\boldsymbol{M}$，由下式规定

$$\boldsymbol{B} = \boldsymbol{H} + 4\pi\boldsymbol{M} \tag{2.27}$$

则式(2.25)所做的功为

$$\begin{aligned}\Delta W_{\text{magnetic field}} &= \frac{V}{4\pi}\boldsymbol{H}\cdot\mathrm{d}\boldsymbol{H} + V\boldsymbol{H}\cdot\mathrm{d}\boldsymbol{M} \\ &= V\mathrm{d}\left(\frac{H^2}{8\pi}\right) + V\boldsymbol{H}\cdot\mathrm{d}\boldsymbol{M}\end{aligned} \tag{2.28}$$

① 1 Oe = 79.5775 $\mathrm{A\cdot m^{-1}}$；1 G = 10^{-4} T；1 erg=10^{-7} J。

式中，第一项为真空中磁场能的改变；第二项为磁化功。在第一项中 H 为 $\boldsymbol{H}$ 的数值，$H^2/8\pi$ 为单位体积真空中的磁能。

4. 电场

对于单一电场作用，能量 $\Delta W_{\text{electric field}}$ 可根据热力学推广[7]。电位移 $\boldsymbol{D}$ 增加 $\mathrm{d}\boldsymbol{D}$ 时，电场 $\boldsymbol{E}$ 所做的功为

$$\Delta W_{\text{electric field}} = \frac{V}{4\pi}\boldsymbol{E}\cdot\mathrm{d}\boldsymbol{D} \tag{2.29}$$

式中，$\boldsymbol{E}$ 和 $\boldsymbol{D}$ 都用静电单位，属于高斯制。

引入电极化强度 $\boldsymbol{P}$，由下式规定

$$\boldsymbol{D} = \boldsymbol{E} + 4\pi\boldsymbol{P} \tag{2.30}$$

则式(2.29)所做的功为

$$\begin{aligned}\Delta W_{\text{electric field}} &= \frac{V}{4\pi}\boldsymbol{E}\cdot\mathrm{d}\boldsymbol{E} + V\boldsymbol{E}\cdot\mathrm{d}\boldsymbol{P}\\ &= V\mathrm{d}\left(\frac{E^2}{8\pi}\right) + V\boldsymbol{E}\cdot\mathrm{d}\boldsymbol{P}\end{aligned} \tag{2.31}$$

式中，第一项为真空中电场能的改变；第二项为电极化功。在第一项中 E 为 $\boldsymbol{E}$ 的数值，$E^2/8\pi$ 为单位体积真空中的电能。

对于一个各向同性的物体，$\boldsymbol{H}$ 与 $\boldsymbol{M}$ 是同方向的矢量，$\boldsymbol{E}$ 与 $\boldsymbol{P}$ 也是同方向的矢量，它们之间有下列关系：

$$\boldsymbol{M} = \chi_{\mathrm{m}}\boldsymbol{H},\ \boldsymbol{P} = \chi_{\mathrm{e}}\boldsymbol{E} \tag{2.32}$$

式中，χ_{m} 为磁化率；χ_{e} 为电极化率。

因此，磁化功和电极化功可以简化为

$$\begin{aligned}\Delta W_{\text{magnetic field}} &= VH\mathrm{d}\boldsymbol{M} = VH\mathrm{d}(\chi_{\mathrm{m}}\boldsymbol{H})\\ \Delta W_{\text{electric field}} &= VE\mathrm{d}\boldsymbol{P} = VE\mathrm{d}(\chi_{\mathrm{e}}\boldsymbol{E})\end{aligned} \tag{2.33}$$

当 H 或 E 很小时，χ_{m} 或 χ_{e} 可认为是与 H 或 E 无关的系数。式(2.33)可化为

$$\begin{aligned}\Delta W_{\text{magnetic field}} &= VH\chi_{\mathrm{m}}\mathrm{d}\boldsymbol{H} = \frac{1}{2}V\chi_{\mathrm{m}}\mathrm{d}(\boldsymbol{H}^2)\\ \Delta W_{\text{electric field}} &= VE\chi_{\mathrm{e}}\mathrm{d}\boldsymbol{E} = \frac{1}{2}V\chi_{\mathrm{e}}\mathrm{d}(\boldsymbol{E}^2)\end{aligned} \tag{2.34}$$

假如这个粒子不是各向同性的，则 χ_{m} 或 χ_{e} 不是标量而是张量。以 χ_{e} 为例，$\boldsymbol{E}$ 与 $\boldsymbol{P}$ 的关系为

$$P_i = \sum_{j=1}^{3} \chi_{ij} E_j \quad (i=1,2,3) \tag{2.35}$$

式中，χ_{ij} 为电极化张量；E_i 与 P_i 分别为 $\boldsymbol{E}$ 与 $\boldsymbol{P}$ 在这三个方向上的投影。

因此，假设 χ_{ij} 为常数，式(2.31)的第二项可化为

$$\Delta W_{\text{electric field}} = V \sum_{i,j} \chi_{ij} E_i \mathrm{d}\boldsymbol{E}_j \tag{2.36}$$

综合以上单一应力场、温度场、磁场和电场的做功规律可知，在平衡过程中能量的变化 ΔW_{total} 可写成

$$\Delta W_{\text{total}} = Y_1 \mathrm{d}y_1 + Y_2 \mathrm{d}y_2 + \cdots + Y_r \mathrm{d}y_r \tag{2.37}$$

式中，$y_1, y_2, \cdots, y_r$ 可以认为是广义坐标；$\mathrm{d}y_1, \mathrm{d}y_2, \cdots, \mathrm{d}y_r$ 可以认为是广义位移，$Y_1, Y_2, \cdots, Y_r$ 可以认为是广义力。因此，纳米粒子尺寸效应物理模型为

$$\frac{\Delta W}{W_0} = \frac{\gamma_r}{2\gamma_{\text{b}}} \cdot \frac{r_0}{R} \cdot \frac{\rho_{\text{b}}}{\rho_{\text{n}}} \cdot \frac{1}{\eta} \tag{2.38}$$

式中，γ_r 为广义表面张力，是应力场、温度场、磁场和电场的函数 $\gamma_r(p, T, \boldsymbol{H}, \boldsymbol{E})$。

根据表面张力，纳米晶体材料尺寸效应物理模型可以进一步改写为 $\Delta W/W_0 = (\alpha \cdot \text{CN} \cdot r_0 \cdot \rho_{\text{b}}) / (4 \cdot R \cdot \rho_{\text{n}} \cdot \eta)$。$\alpha$ 为形状因子，可利用真空升华法[8]、电动势法[12-14]和平衡常数法[15]等方法测得。

2.4　统计热力学解析

王竹溪先生指出[7]，在热力学理论上有两种不同的理论，一种是经典热力学，另一种是统计热力学。这两种理论的总的目标是相同的，就是要解释热的现象和与这有关的事物，但是这两种理论所采用的方法不同。经典热力学方法是根据经验总结得到的自然界的基本规律而做出演绎的推论。统计热力学则是从物质的分子结构出发，在假设了分子的运动性质之后，求出物质的宏观性质。

经典热力学的系统思想对一切物质体系都适用，普适性极强；经典热力学的理论推演与事实都符合，可靠性极高。然而经典热力学是由现象总结而得的普遍的系统的理论，对特殊物质的特性不能给出具体的知识，忽略了物质的原子结构。

统计热力学根据理论力学和量子力学理论，从物质是由大量的分子和原子组成这一事实出发，对某种特殊物质做一些模型简化，利用微观量的统计平均法，推论得到这种物质的特性。

经典热力学和统计热力学相辅相成。因此，有必要从统计热力学的角度，基

于弹簧振子的简谐振动理论，利用晶格动力学方法分析理想晶体中原子在平衡位置附近的振动情况，对金属纳米粒子尺寸效应物理模型进行探讨和扩展(对热力学物态方程和化学键理论建立的物理模型进行动态补充说明)。

2.4.1　势能函数

设理想、完整、稳定、保守的力学体系在平衡时有 N 个原子，其势能函数为

$$V\left(r_1,\cdots,r_N\right)=\frac{1}{2}\sum_{ij}[\varphi(r_i-r_j)] \tag{2.39}$$

式中，$V\left(r_1,\cdots,r_N\right)$ 为保守力场的势能函数；$\varphi\left(r_i-r_j\right)$ 为第 i 个和第 j 个原子的相互作用势能函数。因第 i 个和第 j 个原子将会出现两次，故取 1/2。

为简单起见，保守力场势能函数可以根据一维谐振子的情况来分析(图 2.11)。假设质量为 m 的质点，由于受到胡克力的作用，在平衡位置附近(距离平衡位置的 x 处)振动，则

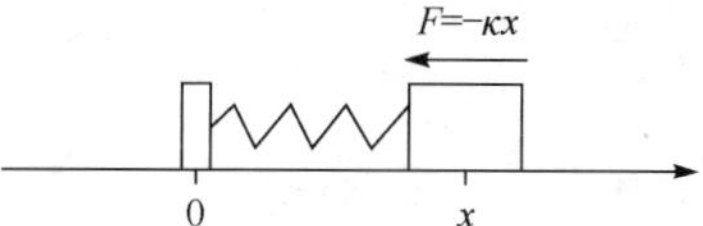

图 2.11　一维谐振子的受力情况

$$F=-\kappa x \tag{2.40}$$

式中，κ 为谐振子的弹性系数。

在平衡位置时，该质点的势能为 0，总能等于动能

$$F=-\frac{\mathrm{d}V}{\mathrm{d}x}=-\kappa x \tag{2.41}$$

积分得

$$V=\frac{1}{2}\kappa x^2 \tag{2.42}$$

根据谐振子的固有周期 T 和固有频率 ν

$$T=2\pi\sqrt{\frac{m}{\kappa}}\text{，}\quad \nu=\frac{1}{T}=\frac{1}{2\pi}\sqrt{\frac{\kappa}{m}} \tag{2.43}$$

该谐振子的弹性系数和势能函数为

$$\kappa=4\pi^2\cdot m\cdot\nu^2\text{，}\quad V=\frac{1}{2}\kappa x^2=2\pi^2\cdot m\nu^2\cdot x^2 \tag{2.44}$$

将式(2.39)中 $\varphi(r)$ 作如下变换：

$$\varphi(r)=\varepsilon\cdot f(r_i/a) \tag{2.45}$$

式中，$f\left(r_i/a\right)$ 为振动函数，与原子半径 r_i 和晶格常数 a 有关。引入常数 C，并将式(2.44)和式(2.45)做比较，则晶体势能函数的另一形式 ε 为

$$\varepsilon=2ma^2\cdot\nu_{\mathrm{D}}^2\cdot C \tag{2.46}$$

综合式(2.45)和式(2.46)，可以得到

$$V(r_1,\cdots,r_N)=\frac{\varepsilon}{2}\cdot\sum_i f(r_i/a) \tag{2.47}$$

2.4.2 简正振动

德拜理论中，假设连续弹性体简谐振动的频率分布函数对晶体仍然适用，则 Rayleigh-Jeans 关系式是成立的，假设存在最大频率ν_D（$\nu_D \gg \nu$）

$$g(\nu)=\frac{9N}{\nu_D^3}\nu^2 \tag{2.48}$$

根据德拜理论

$$\Theta_D=\frac{h\nu_D}{k} \tag{2.49}$$

式中，h为普朗克常量；k为玻尔兹曼常量。

将式(2.44)和式(2.49)代入式(2.47)，得

$$V(r_1,\cdots,r_N)=m\cdot a^2\cdot C\cdot\Theta_D^2\cdot(\frac{k}{h})^2\cdot\sum_i f(r_i/a) \tag{2.50}$$

可见晶格畸变较小时，势能函数与德拜温度的二次方成正比。

考虑晶格畸变，当$i\to i'$时，$f(r_i/a)\to f(r_i'/a)$，则上式可改写为

$$V(r_1,\cdots,r_N)=m\cdot a^2\cdot C\cdot\Theta_D^2\cdot(\frac{k}{h})^2\cdot\sum_i f(r_i'/a) \tag{2.51}$$

根据固体物理晶格动力学和林德曼熔化准则，德拜温度的二次方与结合能成正比(合金与化合物等晶体都适用)[3]，是反映材料键能的特征参数，因此

$$\frac{\Delta V(r_1,\cdots,r_N)}{V(r_1,\cdots,r_N)}=\frac{\Delta E}{E_b}=\frac{\Delta W}{W_0} \tag{2.52}$$

式中，$\Delta V(r_1,\cdots,r_N)/V(r_1,\cdots,r_N)$为纳米材料不同晶体尺寸时，理想、完整、稳定和保守的力学体系势能函数的变化。

2.5 热力学参数内在关联

2.5.1 热力学参数

表 2.7 为当前学术界较为认可的纳米晶体材料尺寸效应数理模型及其主要探讨的物理参数(在后续章节中比较分析，暂不单列参考文献)。

表 2.7　纳米晶体材料尺寸效应典型研究模型

物理参数	代表性研究者	模型
晶格畸变能	孙长庆	断键理论
	Michael Wagner Gayatri Koyar Rane	晶界膨胀理论
	于溪凤 蒋青 齐卫宏 黄再兴	表面张力和杨氏模量模型
	Karuna Kar Nanda C. Solliard	液滴模型
	Vasili Perebeinos	马德隆模型
表面能和表面张力	Karuna Kar Nanda John P. Perdew	液滴模型
	蒋青	林德曼熔化准则
	欧阳钢	悬挂键模型
	M. I. Alymov	表面自由度模型
	S. Garruchet	杨氏模量模型
	薛永强	托尔曼模型
密度	Ali Safaei	晶格敏感模型
	Karuna Kar Nanda	液滴模型
	M. S. Omar 蒋青	林德曼熔化准则
	陈慧敏	德拜理论
弹性模量	孙长庆 郭建刚 W. Sun	断键理论
	欧阳钢 A. Nakano H. Y. Yao	悬挂键模型
	Ronald E. Miller Morton E. Gurtin	应力应变模型

续表

物理参数	代表性研究者	模型
晶格振动	Von F. A. Lindemann 蒋青 K. Sadaiyandi Michail Michailov 齐卫宏	德拜理论
	孙长庆	断键理论
空位	Y. J. Wang	表面张力理论
	齐卫宏 李卫国	杨氏模量模型
	M. N. Magomedov	德拜理论
扩散	雷明凯	非线性动力学
	J. Philibert	广义扩散方程
	蒋青 Gregory Guisbiers	德拜理论
熔化准则	Frederick A. Lindemann	德拜理论
	Max Born Luke J. Tallon	模量熔化准则
	J. G. Dash	缺陷熔化理论
	J. Karch	两相平衡理论
熔点	蒋青	林德曼熔化准则
	齐卫宏	结合能理论
	Karuna Kar Nanda	液滴模型
	孙长庆	断键理论
	Gregory Guisbiers Ali Safaei	两相平衡理论
吉布斯自由能	Michael Wagner 宋晓艳	晶界膨胀理论
	罗文华 Gregory Guisbiers	表面能理论
熵，焓	Nevill Francis Mott	振动熵理论
	蒋青	林德曼熔化准则

比较表2.7，纳米热力学领域的参数研究通常以材料的某一特性为研究对象，通过建立不同的理论模型和实验验证，研究纳米晶体材料的尺寸效应。有少量研究是关于材料某些特定参数之间的关系研究，如熵、焓和熔点等。

2.5.2 关联性分析

热力学能够利用非常少的参数信息，获得最大限度的预测，设计物质系统的各种参量。

早在1869年马休就指出，在适当选择状态变量的情况下，只需一个热力学函数就可以将均相体系的全部平衡性质唯一确定出来，因为它包含了平衡态体系的全部热力学信息。热力学理论表明，一个均相的平衡态体系，在热学、力学和化学共轭变量中各选一个变量描述体系的状态，只要这些变量不全为强度量(封闭体系除外)，则存在很多热力学量是体系的特性函数。用任一特性函数可将均相平衡体系的全部热力学性质唯一确定出来。这就是说，掌握了均相平衡体系的一个特性函数，便掌握了体系的全部热力学性质[16]。可以推测，纳米晶体材料各性能参数之间也必然存在着某种联系。

结合金属纳米粒子尺寸效应物理模型，根据热力学参数关联特性，可对纳米晶体材料各种特性做如下引申(原理见1.2节)。

1. 晶体学特性

块体材料中，标准大气压下的晶格畸变率为0，纳米晶体材料由于尺寸不断减小，晶体表面产生了大量的不饱和键，这些不饱和键在某一晶面上缺少相应的匹配原子，因此键能增强，键长缩短，晶格发生畸变。因此，利用键能可以计算纳米晶体材料晶格畸变率、晶格畸变能和密度的尺寸效应。

2. 表面特性

根据表面热力学理论，处于材料表面和界面上的原子，其受力状态与晶体内部原子不同。内部原子在各个方向上受力均匀，表面和界面原子则不然：表面和界面上的原子由于某一晶面上缺少相匹配的原子而形成不饱和键。因此，根据键能可以计算纳米晶体材料表面张力、表面能和吸附能的尺寸效应。

3. 力学特性

材料的体积模量与键能有关，而体积模量又与杨氏模量、弹性系数、扭转模量等参数成正比，因此根据键能可以计算纳米晶体材料杨氏模量、弹性系数、扭转模量的尺寸效应。值得注意的是，根据弹塑性力学应力应变规律也可以计算体系的体积模量、泊松比和维氏硬度，进而求出体系其他特性的尺寸效应。

4. 晶格动力学特性

纳米晶体材料的晶格发生畸变，将导致晶体中热振动的模式发生变化，进而导致波速、德拜温度、比热容和热膨胀系数等参数发生变化。因此，根据键能可以计算纳米晶体材料波速、德拜温度、比热容和热膨胀系数的尺寸效应。

5. 空位特性

空位形成能的定义：在完整无缺陷的晶体中取出一个原子并形成相应空位所需的能量[17]。空位的产生必然伴随原子键断裂和新表面的形成。因此，与比表面能类似，根据键能可以计算纳米晶体材料空位形成能的尺寸效应。

6. 扩散特性

晶体材料的微观扩散机制多为空位扩散，而空位扩散机制中，扩散激活能（该参数与动力学扩散有关，证明见后）等于空位形成能与空位迁移能之和，且正比于空位形成能（对于间隙扩散机制也适用）[18–19]。因此，根据键能可以计算纳米晶体材料扩散激活能的尺寸效应。

7. 晶体热力学特性

材料的熔点和结合能与原子键能的关系密切。晶体具有固定的熔点，主要因为晶体具有长程有序和固定晶体结构。因此，根据键能可以计算纳米晶体材料熔点、结合能、升华焓和熔化焓等热力学参数的尺寸效应。

8. 化学热力学特性

根据表面热力学理论，新增的吉布斯自由能等于所做的非体积功。因此，根据键能可以计算纳米晶体材料吉布斯自由能的尺寸效应。

显然，纳米晶体材料熵、焓和亥姆霍兹自由能的尺寸效应也可以分析。

值得一提的是，吉布斯自由能、熵、焓和亥姆霍兹自由能的尺寸效应可以调控化学反应。

9. 电学特性

材料的电学特性与电子和离子的运动密切相关。根据马西森定律，纳米晶体材料的电阻可以分为两部分：晶格散射的电阻和缺陷电阻。晶格散射电阻与温度有关；缺陷电阻与缺陷和晶界散射有关，可以根据键能预测。

2.5.3 内关联模型

图 2.12 为纳米晶体材料热力学参数内在关联图，图 2.13 为纳米晶体材料特性

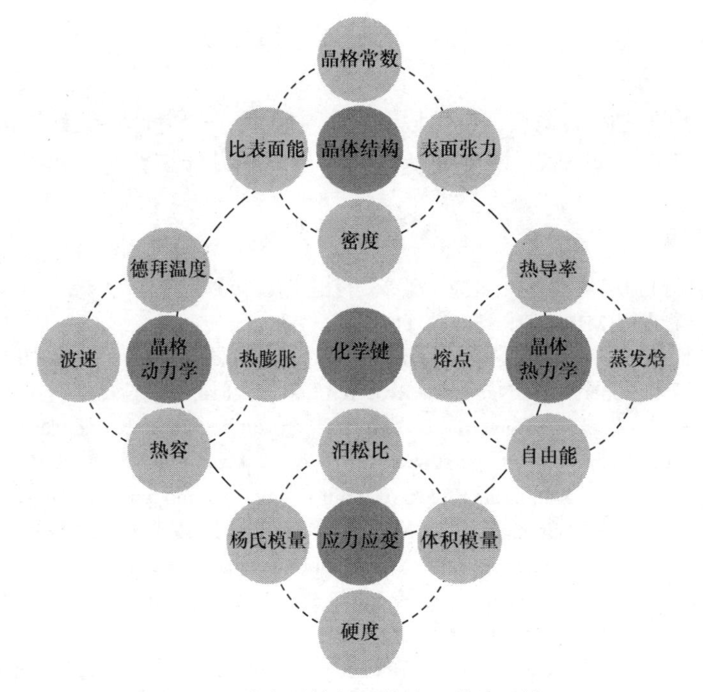

图 2.12　纳米晶体材料特性函数关联模型

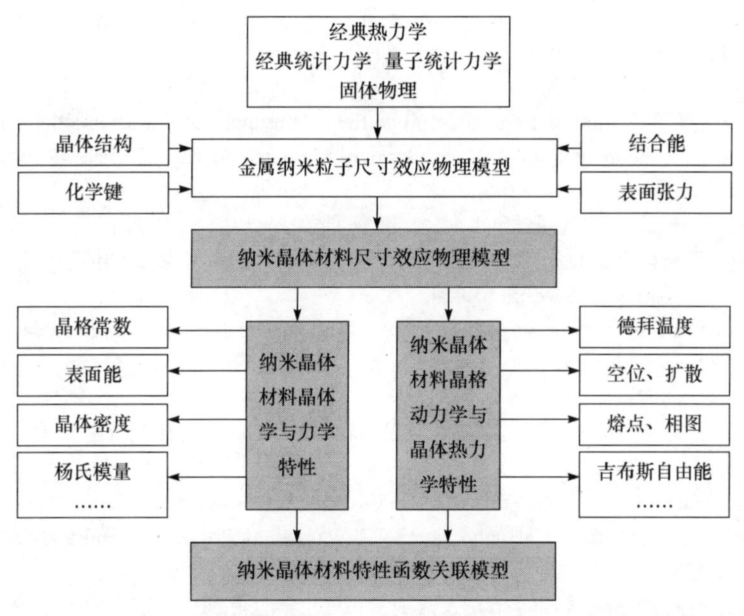

图 2.13　纳米晶体材料特性函数关联模型研究路线

函数关联模型研究路线。纳米晶体材料晶体学特性、力学特性、晶格动力学特性和晶体热力学特性尺寸效应的本质是能量的改变，可以根据键能计算(第一性原理和分子动力学方法与此原理类似，只是利用量子力学方法或统计力学方法进行计算[20]）。

根据各特性之间的关系，也可以利用其中任何一个特性参数计算出其他相应特性参数的尺寸效应，这一思路可为分析、研究和设计高性能材料提供便利[3]。

参 考 文 献

[1] 王竹溪. 统计物理学导论[M]. 北京：高等教育出版社, 1964.

[2] 黄昆. 固体物理学[M]. 北京：高等教育出版社, 1988.

[3] Yu X H, Zhan Z L. The effects of the size of nanocrystalline materials on their thermodynamic and mechanical properties[J]. Nanoscale Research Letters, 2014, 9: 516-521.

[4] Yu X H, Rong J, Fu T L, et al. Size effects on surface tension and surface energy of nanomaterials[J]. Journal of Computational and Theoretical Nanoscience, 2015, 12: 5318-5322.

[5] Yu X H, Rong J, Zhan Z L, et al. Effects of grain size and thermodynamic energy on the lattice parameters of metallic nanomaterials[J]. Materials & Design, 2015, 83C: 159-163.

[6] Huang W J, Sun R, Tao J, et al. Coordination-dependent surface atomic contraction in nanocrystals revealed by coherent diffraction[J]. Nature Materials, 2008, 7(4): 308-313.

[7] 王竹溪. 热力学[M]. 2 版. 北京：北京大学出版社, 2014.

[8] Nanda K K. Bulk cohesive energy and surface tension from the size-dependent evaporation study of nanoparticles[J]. Applied Physics Letters, 2005, 87(2): 021909.

[9] Shibuta Y, Suzuki T. Melting and solidification point of fcc-metal nanoparticles with respect to particle size: A molecular dynamics study[J]. Chemical Physics Letters, 2010, 498(4-6): 323-327.

[10] Francesco D. Structural and energetic properties of unsupported Cu nanoparticles from room temperature to the melting point: Molecular dynamics simulations[J]. Physical Review B, 2005, 72: 205418.

[11] 肖纪美, 朱逢吾. 材料能量学[M]. 上海：上海科学技术出版社, 1999.

[12] 刘晓林, 王路得, 黄在银, 等. 纳米氧化锌热力学函数的微量热法及电化学法测量[J]. 高等学校化学学报, 2015, 36(3): 539-543.

[13] Funayama K, Nakamura T, Kuwata N. Effect of mechanical stress on lithium chemical potential in positive electrodes and solid electrolytes for lithium ion batteries[J]. Electrochemistry, 2015, 83(10): 894-897.

[14] 王志猛, 谢宏伟, 张懿, 等. 电动势法测量 Na_2PbO_2 和 Na_2ZnO_2 生成自由能[J]. 有色金属学报, 2015, 11: 3216-3222.

[15] Zhang Z, Fu Q S, Xue Y Q. Theoretical and experimental researches of size-dependent surface thermodynamic properties of nano-vaterite[J]. Journal of Physical Chemistry C, 2016, 120: 21652-21628.

[16] 黄在银, 范高超. 化学热力学方法及其纳米物理化学应用[M]. 北京：科学出版社, 2016.

[17] 萧功伟. 改进的金属升华热公式[J]. 科学通报, 1983, 2: 82-83.

[18] 舒元梯. 计算金属升华热和熔化热的一种新的经验公式[J]. 科学通报, 1990, 6: 478-479.

[19] 梅平. 金属键能与熔点的关系[J]. 湖南教育学院学报, 1991, 9(2): 68-70.

[20] Pierre D. Thermodynamics of Crystalline States[M]. New York: Springer, 2010.

第 3 章　纳米晶体材料晶体学和力学特性

晶体结构是决定材料特性的重要因素。纳米晶体材料尺寸不断减小，使表面原子配位不全，引起表层原子键长缩短及键能增强，发生晶格畸变。与此同时，键能变化还对材料的表面能、表面吸附、表面张力和晶体密度等晶体学特性造成影响，对体积模量、杨氏模量和剪切模量等力学参数产生作用。本章主要探讨理想晶体中原子静止在平衡位置时的晶体学和力学特性，可作为纳米晶体材料尺寸效应物理模型的进一步说明。

3.1　纳米晶体材料晶体学特性

3.1.1　数理模型介绍

晶格常数是表征晶体结构的重要参数，它对材料的热学、力学、声学、光学、电学和磁学性能都有重要影响[1]。

1. 实验和模拟研究

近年来，研究者通过不同的实验方法和计算机模拟方法研究纳米晶体材料晶格畸变的尺寸效应规律。

多数研究者认为，纳米晶体材料的晶粒尺寸减小，晶格收缩。例如，于溪凤等[2]利用电流体动力学技术制备纳米超微粉 Bi，认为纳米超微粉 Bi 中的点阵参数 a 和 c 均小于完整单晶 Bi 的点阵参数 a_0 和 c_0，且点阵参数 a 和 c 及晶胞体积 V 均随粒径的减小而减小，而点阵参数 c 的变化较大。Solliard[3]使用真空蒸发法将 Au 和 Pt 金属制成蒸气，再将其凝聚在碳基体上形成 Au 和 Pt 金属纳米粒子，结果表明 Au 和 Pt 金属纳米粒子的晶格都发生了收缩。

然而，也有部分学者持相反的观点。例如，卢柯等[4]选用高频磁控溅射法制备纯 Ni 纳米晶，发现纳米晶的晶格常数 a 均大于完整 Ni 单晶的平衡晶格常数 a_0，且 a 值随晶粒尺寸减小而显著增大。Palkar 等和 Pradhan 等[5-6]采用化学法合成 CuO 纳米粒子，证明 CuO 纳米粒子的晶格常数随粒径的减小而增大。随后不久，Borgohain 等[7]更新了上述结果，认为 CuO 纳米粒子的晶格常数随粒径的减小而减小，两者唯一不同的是制备方法。此外，Heinemann 等[8]以及 Goyhenex 等[9]也证实纳米晶 Pd 的晶格常数随晶粒尺寸的减小而增大。

计算机模拟方面，齐卫宏等[10-12]应用分子动力学模拟了 Au、Ag 和 Pt 金属纳米粒子晶格畸变的尺寸效应，认为 Au 金属纳米粒子的最近邻原子间距随粒径的减小而降低，Ag 和 Pt 金属纳米粒子晶格收缩率与粒径呈反比关系。

2. 数理模型研究

少量研究者提出了一些解释纳米晶体材料晶格畸变率的数理模型，部分优秀模型可概括如下：

(1) 孙长庆等[13]基于键弛豫理论和局域键平均近似，构建键序-键长-键强关联模型解释纳米晶体材料晶格畸变率的尺寸效应。该模型涉及的物理问题最为本质，但公式形式不简单。

(2) Wagner 等基于界面和空位理论，提出晶界过剩体积模型解释纳米晶体材料晶格畸变率的尺寸效应。实验表明，随着晶粒尺寸的减小，空位和晶界的数量增加。也就是说，晶界过剩，体积增加，晶格常数增大[14-17]。

(3) 于溪凤等[18]、蒋青等[19]、齐卫宏等[20]和黄再兴等[21]基于表面能、表面应力和杨氏模量模型，提出了一系列模型解释纳米晶体材料晶格畸变率的尺寸效应。根据键序-键长-键强关联模型，表面能和杨氏模量都不是产生晶格畸变的本质因素，只是某种外在表现形式。

式(3.1)为齐卫宏的体积模量模型

$$\frac{\Delta a}{a}=-\frac{1}{1+Kd} \tag{3.1}$$

式中，a 为晶格常数；d 为晶粒直径；K 为体积模量，且 $K=\alpha^{1/2}G/\sigma$，G 为剪切模量，σ 为表面能，α 为形状因子。

式(3.2)为黄再兴的杨氏模量模型：

$$\frac{\Delta a}{a}=-\frac{2\beta}{2\delta+r_0-\beta+\sqrt{(r_0-\beta)^2+4\delta(\delta+r_0+\beta)}} \tag{3.2}$$

模型出发点和齐卫宏的体积模量模型类似，但参数较多。具体参数代表的物理意义可参见文献[21]。

(4) Nanda 等[22]和 Solliard 等[23]基于表面能(为与第 2 章纳米晶体材料表面张力进行区别，故改成表面能)理论，提出液滴收缩模型解释纳米粒子晶格畸变率的尺寸效应。该模型认为：一定外压下，纳米粒子在表面能的作用下将产生类似液滴的收缩性质。

式(3.3)为 Nanda 的液滴收缩模型：

$$p=-K\cdot\frac{\Delta V}{V}=-K\cdot\frac{\mathrm{d}(a-\Delta a)^3}{a^3}=\frac{4\sigma}{d},\quad \frac{\Delta a}{a}=-\frac{4}{3}\frac{\sigma}{K\cdot d} \tag{3.3}$$

式中，σ 为表面能；K 为体积模量；d 为粒子直径，V 为体积。

根据晶体结合理论，杨氏模量 Y 和体积模量 K 具有如下关系：

$$K = Y/[3(1-2\mu)] \tag{3.4}$$

式中，μ 为泊松比(不随晶粒尺寸变化而变化，证明见后[24])。

实验证实，式(3.3)中表面能和体积模量都具有尺寸效应[18-22]。求解式(3.3)应给出纳米尺度下晶体材料的表面能和体积模量，直接代入块体材料的表面能和体积模量进行计算，结果可能与实验吻合，但物理机制仍需阐明。

3.1.2 晶格畸变率尺寸效应数理模型

1. 模型基础

晶体表面和界面处原子的受力状态与内部原子不同。根据金属纳米粒子尺寸效应物理模型和 Laplace 方程，维持球形曲面(粒径为 R)所需的附加压强为[22-24]

$$p = \frac{2\sigma_{\rm n}}{R} \tag{3.5}$$

式中，p 为附加压强；$\sigma_{\rm n}$ 为纳米粒子的表面能。

根据体积模量定义：

$$p = -K_{\rm n} \cdot \frac{\Delta V}{V} = -K_{\rm n} \cdot \frac{{\rm d}(a^3)}{a^3} = -K_{\rm n} \cdot \frac{3\Delta a}{a} \tag{3.6}$$

式中，ΔV 为粒子中晶胞体积的变化量；V 为晶胞体积；$K_{\rm n}$ 为粒子的体积模量，与杨氏模量关系见式(3.4)；a 为晶格常数。

同样地

$$p = -K_{\rm n} \cdot \frac{{\rm d}\left(\frac{4}{3}\pi R^3\right)}{\frac{4}{3}\pi R^3} = -K_{\rm n} \frac{3\Delta R}{R} \tag{3.7}$$

根据式(3.5)～式(3.7)，晶格畸变率可表示为

$$\frac{2\sigma_{\rm n}}{R} = -K_{\rm n} \cdot \frac{3\Delta a}{a} = -K_{\rm n} \cdot \frac{3\Delta R}{R} \tag{3.8}$$

$$\frac{\Delta a}{a} = -\frac{2\sigma_{\rm n}}{3K_{\rm n}} \cdot \frac{1}{R} \tag{3.9}$$

由于表面能和体积模量都具有尺寸效应，式(3.9)不能直接求解。

2. 体积模量与键能的关系

根据结合能公式(Lennard-Jones 势)[24]

$$E(r)=(\frac{p\cdot q}{p-q})\cdot E_{\text{atom}}\cdot[(\frac{a}{r})^{p}\cdot\frac{1}{p}-(\frac{a}{r})^{q}\cdot\frac{1}{q}] \tag{3.10}$$

式中，p 和 q 为常数；r 为原子间距；E_{atom} 为原子键能。

对于晶体材料，p=12，q=6，因此

$$\frac{\mathrm{d}E(r)}{\mathrm{d}r}\bigg|_{r=r_0}=0\text{，且}-\frac{\mathrm{d}^2E(r)}{\mathrm{d}r^2}\bigg|_{r=r_0}=E\cdot\frac{72}{r_0^2} \tag{3.11}$$

式中，r_0 为原子平衡间距，式(3.6)可改写为

$$K=-V\cdot\frac{\mathrm{d}p}{\mathrm{d}V}=-V\frac{\partial}{\partial r}[-\frac{\partial E(r)}{\partial r}\cdot\frac{\mathrm{d}r}{\mathrm{d}V}]\cdot\frac{\mathrm{d}r}{\mathrm{d}V} \tag{3.12}$$

将式(3.11)代入式(3.12)，并根据 BOLS 模型[24-25]得

$$K=c\cdot\frac{E_{\text{atom}}}{r_0^3} \tag{3.13}$$

式中，c 为常数。

因此，块体材料和纳米材料的体积模量可以用键能表示

$$\frac{K_{\text{n}}}{K_{\text{b}}}=\frac{E_{\text{atom,n}}}{E_{\text{atom,b}}} \tag{3.14}$$

3. 表面能与键能的关系

块体材料的表面能 σ 可表示为[24]

$$\sigma=\frac{1}{2}\cdot Z\cdot N\cdot E_{\text{atom}} \tag{3.15}$$

式中，Z 为配位数的变化量，即晶体的配位数与晶面上原子的配位数之差；N 为晶面上单位面积内的原子数；$Z\cdot N$ 为晶面上单位面积内原子键的变化数；E_{atom} 为原子键能。因此，块体材料和纳米晶体材料的表面能可以用键能表示

$$\frac{\sigma_{\text{n}}}{\sigma_{\text{b}}}=\frac{E_{\text{atom,n}}}{E_{\text{atom,b}}} \tag{3.16}$$

4. 杨氏模量与表面能的尺寸效应关系

将式(3.13)和式(3.15)代入式(3.4)得

$$\frac{\sigma_{\text{n}}}{Y_{\text{n}}}=\frac{\sigma_{\text{b}}}{Y_{\text{b}}}=\frac{r_0^3\cdot Z\cdot N}{6\cdot c\cdot(1-2\mu)} \tag{3.17}$$

式中，对于给定的晶体，r_0、Z、N、c 和 μ 都是常数。因此，$\sigma_{\text{n}}/Y_{\text{n}}=$ 常数。式(3.17)

表明纳米晶体材料的表面能和杨氏模量仍呈正比关系。

纳米晶体材料表面能和杨氏模量的关系如图 3.1 所示。图中符号为实验数据[26-32]，直线由实验数据经 Origin 软件拟合得出。可以发现，纳米晶体材料的表面能和杨氏模量之间的关系可以通过式(3.17)准确描述。

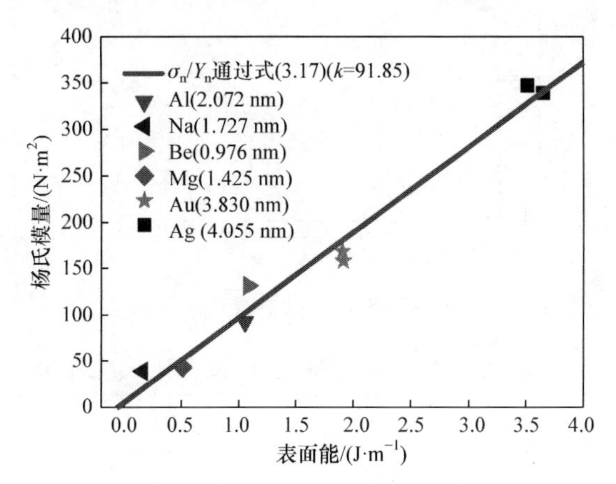

图 3.1　纳米晶体材料表面能与杨氏模量的关系

于是，式(3.9)可改写为

$$\frac{\Delta a}{a}=-\frac{2(1-2\mu)\sigma_b}{Y_b}\cdot\frac{1}{R} \tag{3.18}$$

式(3.18)为纳米粒子晶格畸变率尺寸效应数理模型。

3.1.3　晶格畸变率尺寸效应

1. 畸变率尺寸效应

由纳米粒子晶格畸变率尺寸效应数理模型计算的 Ag 金属纳米粒子晶格畸变率与粒径(半径)的关系如图 3.2 所示(计算参数见表 3.1)，实验所得的 Ag 金属纳米粒子晶格畸变率[33]列于图中。随着粒径的不断减小，表面原子占据原子总数的比例逐渐增大，纳米粒子晶格畸变的程度也逐渐增大。Ag 金属纳米粒子的粒径在 4 nm 以上时，实验数据与预测结果有较好的吻合度；粒径在 2 nm 以下时，实验数据较为靠近预测结果；而在 2.7 nm 时，实验数据与预测结果有一定的差距。通过 1 nm、2 nm、4 nm 和 5 nm 这 4 个数据点可以判断，该数值较小是实验因素导致，并不影响公式的准确性。此外，Ag 金属纳米粒子在 1 nm 左右时晶格畸变率仅为–2.5%（见实验数据对应的晶格畸变率，下同），即畸变程度不大。

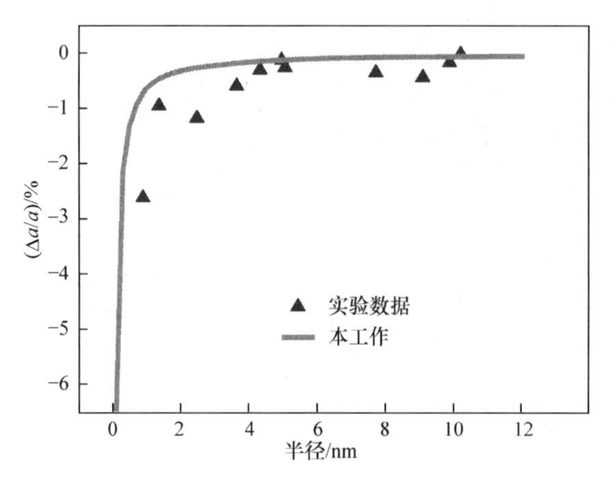

图 3.2 Ag 金属纳米粒子晶格畸变率与粒径的关系

表 3.1 Ag、Al、Au、Cu、Pd、Pt、Sn 和 Bi 材料的泊松比μ、表面能σ和杨氏模量 Y[34-35]

性质	Ag	Al	Au	Cu	Pd	Pt	Sn	Bi
泊松比(μ)	0.38	0.34	0.42	0.34	0.39	0.39	0.33	0.33
表面能(σ)	1.100	1.015	1.33	1.534	1.77	2.201	0.640	0.501
杨氏模量(Y)	0.8	0.75	0.85	1.28	1.21	1.7	0.53	0.34

由纳米粒子晶格畸变率尺寸效应数理模型计算得到的 Al 金属纳米粒子晶格畸变率与粒径的关系如图 3.3 所示(计算参数见表 3.1)，实验所得的 Al 金属纳米粒子晶格畸变率[33]列于图中。Al 金属纳米粒子的实验数据集中在 3～8 nm 范围，且实验数据全部接近于理论值。在 3 nm 左右，晶格畸变率为–0.4%。

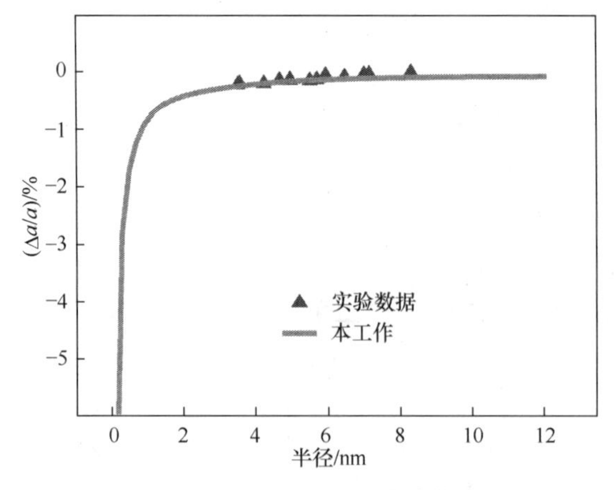

图 3.3 Al 金属纳米粒子晶格畸变率与粒径的关系

由纳米粒子晶格畸变率尺寸效应数理模型计算得到的 Au 金属纳米粒子晶格畸变率与粒径的关系如图 3.4 所示(计算参数见表 3.1)，实验所得的 Au 金属纳米粒子晶格畸变率[33]列于图中。Au 金属纳米粒子在 7 nm 和 2.5 nm 左右时，理论值与实验数据吻合较好；而在 2 nm 以下时，实验值略小于理论值。此外，在 0.5 nm 时晶格畸变为–1.2%。

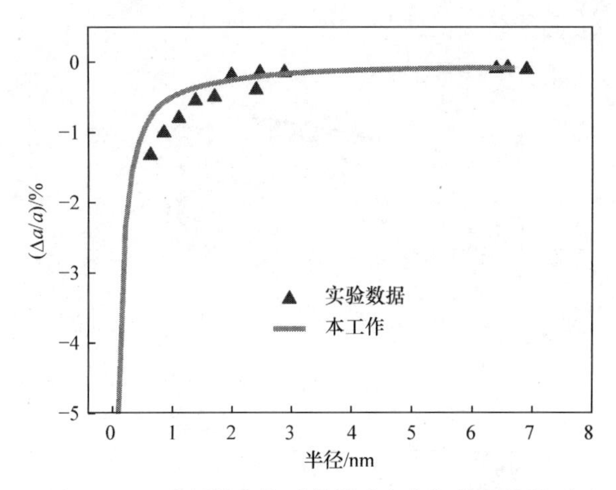

图 3.4　Au 金属纳米粒子晶格畸变率与粒径的关系

由纳米粒子晶格畸变率尺寸效应数理模型计算得到的 Cu 金属纳米粒子晶格畸变率与粒径的关系如图 3.5 所示(计算参数见表 3.1)，实验所得的 Cu 金属纳米粒子晶格畸变率[36]列于图中。在 0.4～11 nm 范围内，Cu 金属纳米粒子的实验数据全部接近于理论值，说明公式具有较好的准确性。此外，Cu 金属纳米粒子在 0.7 nm 时的晶格畸变率为–1.4%，键长变化较为微弱。

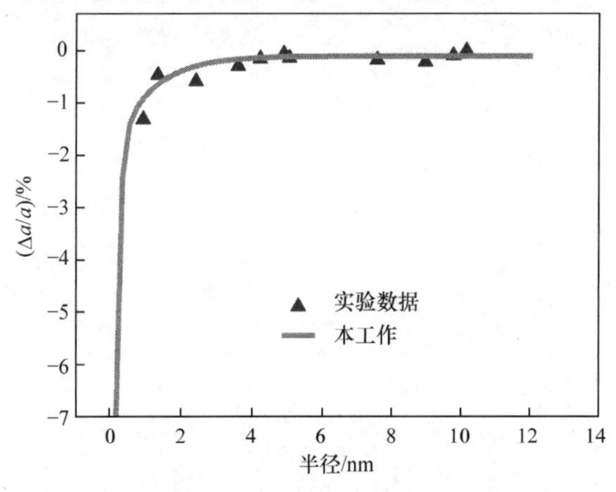

图 3.5　Cu 金属纳米粒子晶格畸变率与粒径的关系

由纳米粒子晶格畸变率尺寸效应数理模型计算得到的 Pd 金属纳米粒子晶格畸变率与粒径的关系如图 3.6 所示(计算参数见表 3.1)，实验所得的 Pd 金属纳米粒子晶格畸变率[37-38]列于图中。Pd 金属纳米粒子的理论值与实验数据有较好的吻合度，且晶格畸变率在 0.7 nm 时为−1.5%。另外，比较 Pd 与 Ag、Al、Au 和 Cu 的预测曲线可以看出，Pd 金属纳米粒子的预测曲线在转折处较前四者平缓，这是 Pd 的杨氏模量和表面能较大的缘故。

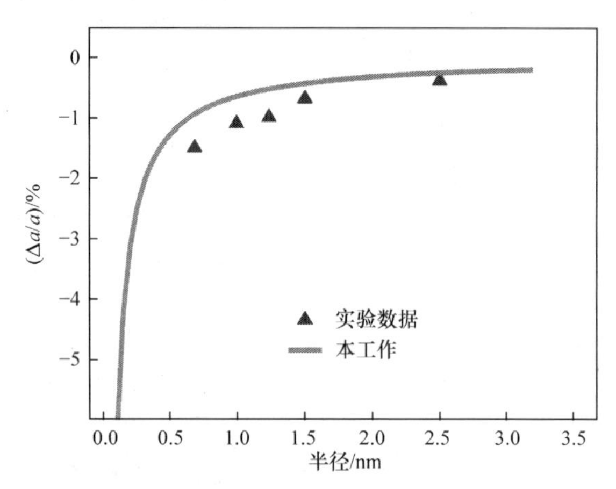

图 3.6　Pd 金属纳米粒子晶格畸变率与粒径的关系

由纳米粒子晶格畸变率尺寸效应数理模型计算得到的 Pt 金属纳米粒子晶格畸变率与粒径的关系如图 3.7 所示(计算参数见表 3.1)，实验所得的 Pt 金属纳米粒子晶格畸变率[33]列于图中。Pt 金属纳米粒子在 0.8～12 nm 范围，都与理论值有较好的吻合度，且在 1.8 nm 时，晶格畸变率为−0.3%。

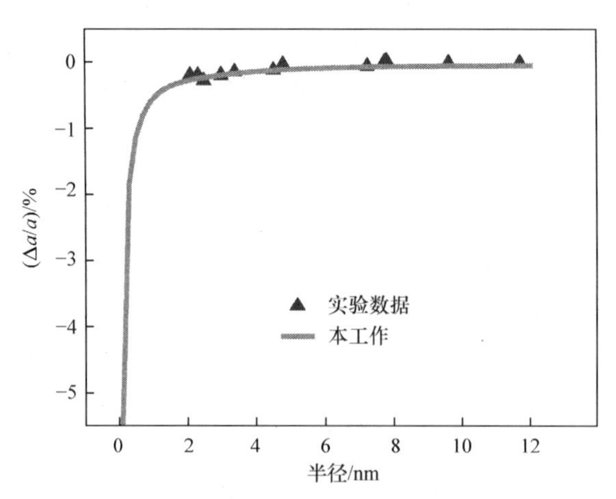

图 3.7　Pt 金属纳米粒子晶格畸变率与粒径的关系

综合图 3.2～图 3.7 可以发现，在误差范围内各金属纳米粒子的晶格畸变率与纳米粒子晶格畸变率尺寸效应数理模型计算给出的理论值吻合较好，而且各图在 1 nm 时，最大的晶格畸变率为–2.5%。也就是说，纳米粒子的晶粒尺寸对晶格畸变率的影响较为微小，粗略计算时可不做考虑。

2. 制备方法对晶格畸变率的影响

由纳米粒子晶格畸变率尺寸效应数理模型计算得到的 Ag 金属纳米粒子的晶格畸变率与粒径倒数的关系如图 3.8 所示，实验所得的 Ag 金属纳米粒子晶格畸变率列于图中。其中，直线 *a* 为理论预测值，直线 *b* 显示为由胶体化学法制备[39]，直线 *c* 显示为由有机酸和无机银反应制备[40-41]。

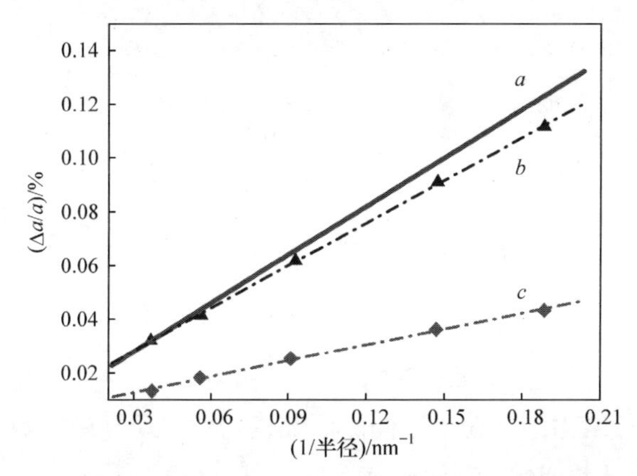

图 3.8　Ag 金属纳米粒子的晶格畸变率与粒径倒数的关系

由图 3.8 可见，Ag 金属纳米粒子晶格畸变率和粒径倒数具有线性关系，公式给出的直线 *a* 与实验数据给出的直线 *b* 接近。值得注意的是，直线 *b* 和直线 *c* 虽然是同一种纳米材料，但由于制备方法有一定的差别，因此其晶格畸变的程度也不相同。这个差别可以根据式(3.18)解释：有机法制备的金属纳米粒子的密度比胶体法制备的小(或有机法制备的金属纳米粒子较为致密)，故其倾斜程度也相应地减小。另外根据式(3.18)，当金属纳米粒子的半径不断增大至无穷时，粒子的晶格畸变应当无限趋近于零。从 *b*、*c* 两条直线可以看出，这一趋势与公式是吻合的。

3. 不同晶面

具有不同晶面指数(*hkl*)的纳米粒子，其表面能也不同，则式(3.18)可变为

$$\frac{\Delta a}{a}=-\frac{2}{3}\cdot\frac{\sigma_{hkl,\mathrm{b}}}{Y_{\mathrm{b}}/[3(1-2\mu)]}\cdot\frac{1}{R} \tag{3.19}$$

式(3.19)为纳米粒子不同晶面晶格畸变率尺寸效应数理模型。

由纳米粒子不同晶面晶格畸变率尺寸效应数理模型计算得到的四方结构 Sn 的两条不同边长［c/a=3.28237（c>a）］的晶格畸变率与粒径的关系如图 3.9 所示，实验所得的 Sn 金属纳米粒子晶格畸变率[24]列于图中。可以发现，对于不同的晶面指数，其晶格畸变的程度不相同。这是因为 $\Delta a/a$ 比 $\Delta c/c$ 的表面积要小，而且不同晶面表面能不同。此外，$\Delta c/c=K\cdot\Delta a/a$，即这两条边长的晶格畸变率将呈现比例关系。可以看出，实验数据和理论结果吻合较好。

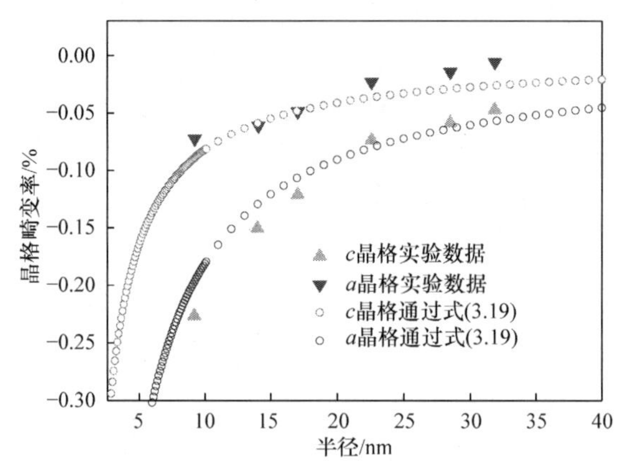

图 3.9 四方结构 Sn 不同边长$\Delta a/a$ 和$\Delta c/c$ 的晶格畸变率与粒径的关系

图3.10为菱方结构Bi的两条不同边长［c/a=3.86741（c>a）］晶格畸变率与粒径的关系。其中，点线由纳米粒子不同晶面晶格畸变率尺寸效应数理模型计算给出(表面能、杨氏模量和泊松比参数见表 3.1，三角符号为实验数据[24])。与图 3.9 类似，菱方结构的两条不同边长的晶格畸变率也不相同，但都与公式有较好的吻合度。

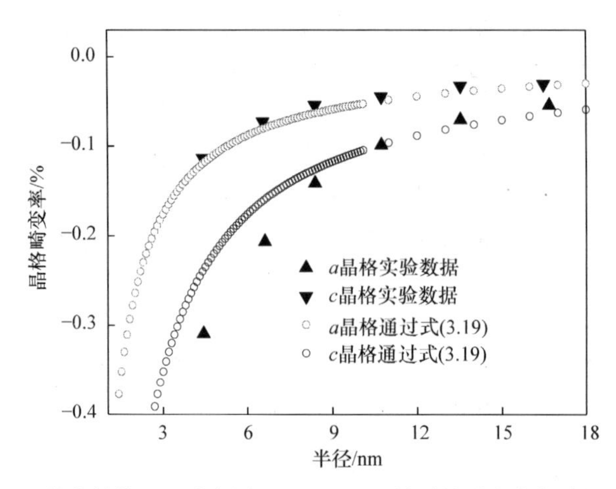

图 3.10 菱方结构 Bi 不同边长$\Delta a/a$ 和$\Delta c/c$ 的晶格畸变率与粒径的关系

综合图 3.9 和图 3.10 可以发现，计算公式给出的理论结果与实验数据吻合较好，公式能够准确计算和处理不同晶面晶格畸变的情况。实际上，从图中还可以发现，因边长相差很小，故不同晶面晶格畸变的数值相差不大。这也从侧面说明了图 3.2～图 3.7 中实验数据与理论结果有差异的合理性。

4. 不同维度

基于 Laplace 方程等效法，可以计算任意维度和形状的纳米晶体材料的晶格畸变率。维持曲面所需的附加压强可等效为

$$p=\frac{2\sigma_{\mathrm{n}}}{3}\cdot\left(\frac{1}{x}+\frac{1}{y}+\frac{1}{z}\right) \tag{3.20}$$

式(3.20)中用 x, y, z 描述不同形状时的压强变化情况。纳米晶时，$x=R$，$y=R$，$z=R$；纳米薄膜时，$x=\infty$，$y=R$，$z=R$；纳米线时，$x=\infty$，$y=\infty$，$z=R$。

因此，引入形状因子 α，式(3.20)可改写为

$$\frac{\Delta a}{a}=-\frac{2(1-2\mu)\sigma_{\mathrm{b}}}{\alpha\cdot Y_{\mathrm{b}}}\cdot\frac{1}{R} \tag{3.21}$$

图 3.11 分别为 Au 金属纳米粒子、纳米薄膜和纳米线晶格畸变率随尺寸变化的规律。曲线由式(3.21)计算给出，金属纳米粒子、纳米薄膜和纳米线分别取 1、2 和 3。结果表明，纳米粒子、纳米薄膜、纳米线和晶粒尺寸具有较好的反比例关系。三者的大小顺序为：纳米粒子的晶格畸变率>纳米薄膜的晶格畸变率>纳米线的晶格畸变率。这一结果可为不同形状和维度材料晶格畸变的设计提供理论支撑。

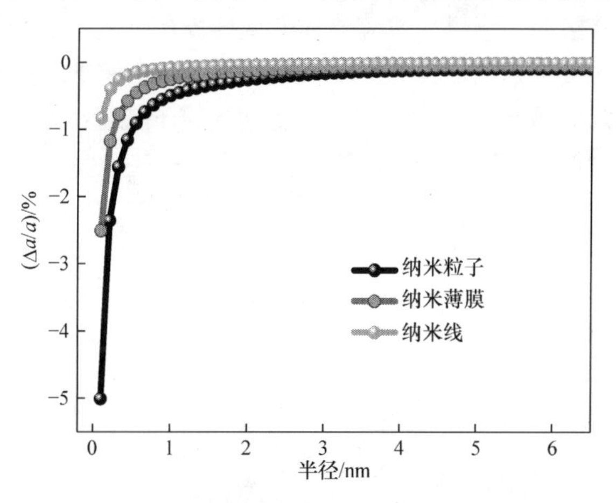

图 3.11　不同维度晶格畸变率与粒径的关系

3.1.4　晶格畸变能尺寸效应数理模型

晶格畸变将引起材料表面积的变化，故吉布斯自由能 ΔG 可表示为

$$\Delta G = \Delta W = 4\pi\sigma_{\rm n} \cdot (R_0^2 - R^2) = -8\pi R^2 \sigma_{\rm n} \cdot \frac{\Delta a}{a} \tag{3.22}$$

式(3.22)为纳米粒子晶格畸变能尺寸效应数理模型。因系统总是朝着最稳定的方向反应($\Delta G<0$)，故晶粒尺寸减小时，晶格将发生收缩。然而，当晶体受到外场或缺陷作用时，为了降低系统的吉布斯自由能，晶格将发生膨胀。

晶格畸变前后，纳米粒子的质量没有发生变化，根据质量守恒定律，晶体畸变前后密度的变化为(3.3 节将详细介绍)

$$\frac{\rho_{\rm b}}{\rho_{\rm n}} = \frac{(a+\Delta a)^3}{a^3} = \frac{\frac{4}{3}\pi \cdot (R+\Delta R)^3}{\frac{4}{3}\pi \cdot R^3} \tag{3.23}$$

忽略Δa的二次项，有

$$\frac{\rho_{\rm b}}{\rho_{\rm n}} = 1 + 3\frac{\Delta a}{a}, \quad \frac{\rho_{\rm b}}{\rho_{\rm n}} = 1 - \frac{6(1-2\mu)\cdot\sigma_{hkl,{\rm b}}}{Y_{\rm b}} \cdot \frac{1}{R} \tag{3.24}$$

式中，$\rho_{\rm b}$为未发生晶格畸变时的密度；$\rho_{\rm n}$为发生晶格畸变后的密度。

由式(3.24)可以看出，当晶粒尺寸较大时，前后密度之比约等于 1，即晶格畸变能的尺寸效应不明显；当晶粒尺寸较小时，晶格畸变能的尺寸效应不能再被忽略。另外用密度和表面来分析晶格畸变，当材料内部存在晶格畸变时，能够使问题变得简化。该方法结合径向密度函数可处理纳米液滴的尺寸效应规律。

3.1.5　晶格畸变能尺寸效应

由纳米粒子晶格畸变能尺寸效应数理模型计算得到的 Ag 金属纳米粒子的晶格畸变能与粒径的关系如图 3.12 所示，实验所得 Ag 金属纳米材料晶格畸变能[42]列于图中。其中纵坐标 $W_0=\sigma_{\rm b}4\pi R^2$。Ag 金属纳米粒子粒径减小，晶格畸变能占据

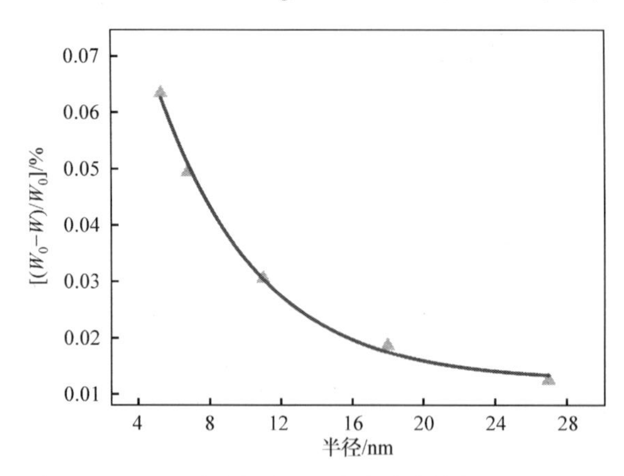

图 3.12　Ag 金属纳米粒子的晶格畸变能与粒径的关系

表面能的比例将逐渐增大，且半径在 20 nm 以下时，这种变化趋势将变得十分显著。然而，当半径小于 1 nm 时，金属纳米粒子的晶格畸变能占据表面能的比例很小，故考虑材料的整体尺寸效应时，通常也可以忽略不计。

3.2　纳米晶体材料晶体表面特性

纳米晶体材料晶体结构的变化不仅对晶格常数和晶格畸变能有影响，也对表面能、表面张力和表面应力等晶体表面特性有作用。

晶体材料的众多晶体表面特性中，表面能和表面张力对晶体熔化[43]、蒸发[44]、晶粒生长[45]、表面吸附[46-48]和催化[49-50]等现象都有巨大影响。例如，在恒定体积条件下的晶体平衡形状由 Wulff 定理决定[51]，即 $\sum_i \sigma_i A_i = \Omega_{\text{minimum}}$ 。其中 σ_i 为各晶面表面能，A_i 为各晶面面积，Ω 为体系超额化学势。图 3.13 为纳米晶体材料表面能、表面张力和表面吸附示意图。

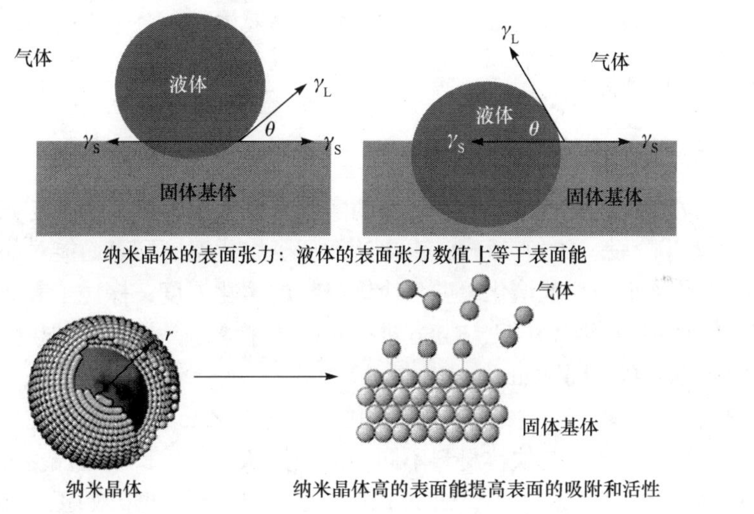

图 3.13　纳米晶体材料表面能、表面张力和表面吸附示意图

研究纳米晶体材料表面能尺寸效应数理模型和纳米晶体材料表面吸附尺寸效应数理模型之前，需要厘清表面能、表面应力和表面张力的基本概念[52]。

固体物理指出，在恒温、恒压和可逆的条件下，将理想晶体剖成两半，此过程需要破坏剖面两侧的原子键，并最终形成一定数量的表面积。该过程中，破坏剖面两侧的原子键能的总和，等于理想晶体结合能的变化量与系统吉布斯自由能的增量，并且与新形成的表面积成正比(比例系数即表面能 σ)。

理想晶体剖开后，两个新表面上的原子将逐步达到平衡态，此时单位长度的

力称为表面应力 f 。

表面张力 γ 沿着两个新表面，为表面应力和的一半，即

$$\gamma=(f_1+f_2)/2 \tag{3.25}$$

液体和各向同性的条件下，有 $f_1=f_2=\gamma$ 。对于各向异性，有 $f_1\neq f_2$ ，且

$$f_1=\sigma+A_1(\frac{\mathrm{d}\sigma}{\mathrm{d}A_1}) \tag{3.26}$$

$$f_2=\sigma+A_2(\frac{\mathrm{d}\sigma}{\mathrm{d}A_2}) \tag{3.27}$$

对于各向同性固体

$$f=\sigma+A(\frac{\mathrm{d}\sigma}{\mathrm{d}A}) \tag{3.28}$$

液相状态时 $\mathrm{d}\sigma/\mathrm{d}A=0$ ，因此 $\sigma=f$ 。

由式(3.25)和式(3.28)可见，液体的表面能、表面张力和表面应力在数值上相等。表面能是从能量的角度研究液体表面现象，是液体分子间作用力做功的结果；表面张力是从力的角度分析液体表面现象，是液体表面分子作用力的宏观表现。

3.2.1 数理模型介绍

1. 实验和模拟研究

表面能和表面张力尺寸效应方面的实验研究较早，概括起来有三个阶段。

(1)萌芽阶段：1909 年，Pawlow[53]发现了熔化温度和表面能对晶粒尺寸的依赖性，研究了小颗粒的熔化温度与块体材料的熔化温度，探讨了表面熔化的物理机制。20 世纪 60 年代初期，Kubo 进一步发现了纳米晶体材料的热力学特性与其相应的块体材料不同(Kubo 效应)[54]。

(2)发展阶段：20 世纪 70～80 年代，人们在 Kubo 的基础上，认识到纳米晶体材料的热力学特性与块体材料不同，但整体认识仍然比较粗浅。

(3)繁荣阶段：2000 年，Chamberlin 在研究铁磁体时开始正式使用纳米热力学(nanothermodynamics)这一名词[55]。次年，热力学家 Hill [56]倡议：应当积极、广泛地研究纳米尺度的热力学，因为它能为传统热力学理论提供新的发展契机。

在这一背景下,科学家们利用不同的方法开展了大量实验研究(从实验上测量表面能的数值有一定难度，且测量的表面能数值都是各向异性的)。例如，Zhang 等[57]利用 Rietveld 方法用 X 射线衍射定量分析了纳米晶锐钛矿 TiO_2 的晶格收缩与粒径的关系，发现晶粒尺寸减小，表面能增加。Nanda[44]利用尺寸依赖的蒸发技术，根据 Kelvia 方程研究了 Ag、Au 和 PbS 等自由纳米粒子的表面张力和表面能，发现该情形下的纳米粒子具有较高的表面张力和表面能。

计算模拟大多采用分子动力学方法。例如，Taherkhani 等[58]利用分子动力学法模拟了 Al 纳米团簇自扩散系数、表面能、温度和德拜温度的尺寸依赖性，认为表面能随晶粒尺寸的减小而增大。Masuda 等[59]使用分子动力学法探讨了 Ga(镓)金属纳米液滴表面张力的尺寸效应(金属 Ga 的原子相互作用力采用多体势描述)，发现 Ga 金属液滴尺寸增加，表面张力增加。孙海梅等[60]给出了球状液滴表面张力和等摩尔面的张力计算公式，并用分子动力学模拟了温度 T=0.65 K 时不同粒子数的球状液滴，计算了 Tolman 长度 δ 和同一温度下平液面的表面张力，发现表面张力随液滴半径减小而减小。

2. 数理模型研究

利用模型研究表面张力和表面能最早始于 1816 年。当时美国化学家 Langmuir 考虑了表面能与温度之间的依赖关系[61]。但直到 30 年后，Tolman、Kirkwood 和 Buff 等才利用经典热力学原理推导出表面能与粒子尺寸之间的关系，得到表面能随粒子尺寸减小而减小的结果[62-64]。

计算或实验测量晶体表面能的方法通常可分为：晶体劈裂功法、应力和应变关系法、液相表面张力外推法，气-固-液界面接触法和气体吸附法等。上述方法中，晶体劈裂功法较为简单直观，结果可靠性强。

目前关于表面张力和表面能的优秀数理模型可概括如下：

(1) Nanda 等[65]和 Perdew 等[66]根据 Kelvia 方程，利用热力学焓变和蒸发起始温度的变化规律建立了 Au 金属纳米粒子表面张力尺寸效应的热力学模型。该模型未考虑质量守恒定律(未考虑原子堆积系数 η，原子数误差略大)，计算精度仍有提升空间

$$\gamma_{\mathrm{n}} = \mathrm{CN} \cdot \gamma_{\mathrm{b}} / 2 \tag{3.29}$$

式中，CN 为有效原子配位数。对于 FCC 结构，有效原子配位数 CN=12，因此纳米晶体材料的表面张力 γ_{n} 等于 6 倍块体材料表面张力 γ_{b}。

(2) 蒋青等[67]根据林德曼熔化准则，利用原子平衡位移的变化规律提出了纳米晶体材料表面能尺寸效应模型

$$E_{\mathrm{n}} / E_{\mathrm{b}} = \left(1 - \frac{1}{r/r_0 - 1}\right) \exp\left(-\frac{2S_{\mathrm{vib}}}{3R} \cdot \frac{1}{r/r_0 - 1}\right) \tag{3.30}$$

$$\sigma_{\mathrm{n}} / \sigma_{\mathrm{b}} = \left(1 - \frac{1}{r/r_0 - 1}\right) \exp\left(-\frac{2S_{\mathrm{vib}}}{3R} \cdot \frac{1}{r/r_0 - 1}\right) \tag{3.31}$$

$$E_{\mathrm{n}} / E_{\mathrm{b}} = \sigma_{\mathrm{n}} / \sigma_{\mathrm{b}} \tag{3.32}$$

式(3.30)～式(3.32)中，E_{n} 和 E_{b} 分别为纳米晶体材料的结合能和块体材料的结合

能；σ_{n} 和 σ_{b} 分别为纳米晶体材料的表面能和块体材料的表面能；r 为晶粒半径；r_0 为原子半径；S_{vib} 为振动熵；R 为摩尔气体常量，且 S_{vib}/R 一般在 1.2～1.4。

(3) 欧阳钢等[68-69]根据悬空键理论，利用纳米晶体材料表面能尺寸效应模型建立了纳米晶体材料表面能负曲率模型

$$\Gamma_{hkl} = (1-\sqrt{Z_{\mathrm{s}}-Z_{\mathrm{b}}})E_{\mathrm{b}} \tag{3.33}$$

式中，Γ_{hkl} 为表面原子悬空键函数，最早由 Galanakis 等提出[70]；Z_{s} 为纳米晶体表面悬空键配位数；Z_{b} 为块体材料内部配位数。因此

$$\sigma_{\mathrm{n}} = \Gamma_{hkl}\left(1-\frac{1}{r/r_0-1}\right)\exp\left(-\frac{2S_{\mathrm{vib}}}{3R}\cdot\frac{1}{r/r_0-1}\right) \tag{3.34}$$

比较式 (3.31) 和式 (3.34) 可见，不考虑悬空键函数，两式的形式相同。实验过程中，很难确定具体悬空键的配位数，很多文献都采用估试法。

(4) Alymov 等[71]基于 Hill 的热力学思想，利用固-液表面张力、固-气表面张力和液-气表面张力关系开发了一个微热力学系统的尺寸效应模型。模型认为，宏观热力学系统和微热力学系统的主要区别在于表面自由度不同。

(5) Garruchet 等[72]根据弹性理论建立了应变和温度对表面能影响的经验公式，并使用分子动力学模拟了 Al 金属的表面能规律。

(6) 薛永强等[73]基于 Gibbs-Tolman-Kening-Buff 方程，提出了一种单分子的微滴表面张力尺寸效应模型，推导了 Tolman 长度的精确关系，发现微滴的表面张力随尺寸的减小而减小，在微滴半径接近或达到 10^{-9} m 时影响变得显著

$$\frac{\gamma}{\gamma_\infty} = \frac{1}{1+2\delta_\infty/R_{\mathrm{s}}} \tag{3.35}$$

式中，γ 为纳米液滴表面张力；γ_∞ 为液滴表面张力；δ_∞ 为 Tolman 长度；R_{s} 为微滴半径。

3.2.2 表面能尺寸效应数理模型

原子键能和表面能的内在关联图如图 3.14 所示。根据热力学第一定律，将左侧晶体在剖面处劈裂，形成两个右侧类型的晶体。该过程中系统的能量变化为

$$\Delta W = 2\sigma \cdot A \tag{3.36}$$

式中，ΔW 为晶体劈裂能；σ 为表面能；A 为新增的表面积。因形成了两个表面，故系数取 2。

系统增加的表面能可以根据断裂键能的总和确定

$$\Delta W = 2\cdot\frac{1}{2}\cdot Z\cdot A_{hkl}\cdot N\cdot E_{\mathrm{atom}} \tag{3.37}$$

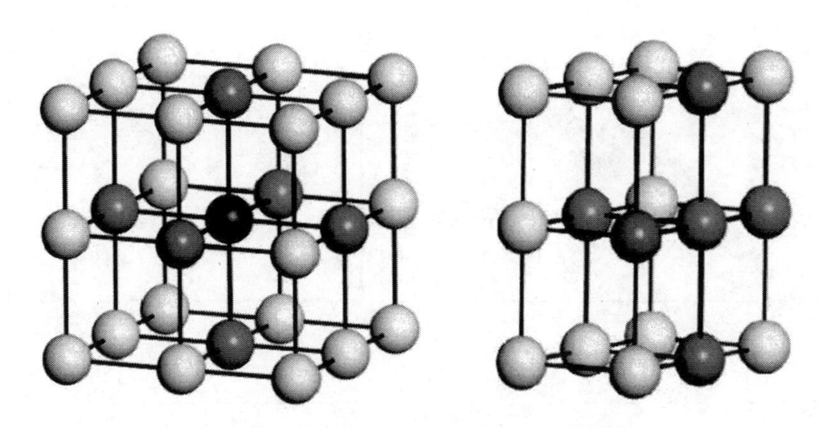

图 3.14　原子键能和表面能的内在关联

式中，Z 为晶体内部每个原子最近邻原子数与晶体断面上每个原子最近邻原子数之差；A_{hkl} 为 hkl 晶面新增的表面积；N 为单位面积的原子数；E_{atom} 为原子键能。

特殊地，对于简单立方结构(100)面，其配位数 CN=6，变化数 Z_s=CN−5=1，单位面积的原子数 $N=1/a^2$，原子半径 $r_0=a/2$。

将式(3.36)代入式(3.37)，得晶体材料的表面能如式(3.15)所示。

表面能和原子键能的关系如图 3.15 所示。图 3.15(a)中，表面能与原子键能大致成正比，且误差在可接受范围。由于精心选取的表面能数据分属不同的晶体结构，BCC 结构配位数为 8，FCC 和 HCP 结构配位数为 12，因此三者的斜率有明显的差异。此外，FCC 和 HCP 结构的配位数虽然相同，但是晶面指数不同，因此斜率有微小的变化。这一现象强烈地暗示着晶体结构和晶面指数是主导表面能的关键因素。

相同晶体结构和晶面指数的表面能和原子键能的关系列于图 3.15(b)～(d)中。可以发现，表面能和原子键能的正比例关系更加清晰。少量数据偏离了预测值，这可能是因为表面能和原子键能计算的方法不同，检测时晶面的位置不同，或理论计算时的参数设置不同等。这些误差不会影响式(3.15)的正确性。

可以推测，晶面上单位面积内原子键的变化数与晶粒尺寸无关，纳米材料的表面能也必然依赖于材料的原子键能[74-76]，即

$$\sigma \propto W_0 \tag{3.38}$$

即纳米粒子表面能尺寸效应数理模型为

$$\frac{\Delta\sigma}{\sigma_{\mathrm{b}}}=\frac{\Delta W}{W_0}=\frac{\mathrm{CN}}{4}\cdot\frac{r_0}{R}\cdot\frac{\rho_{\mathrm{b}}}{\rho_{\mathrm{n}}}\cdot\frac{1}{\eta} \tag{3.39}$$

式(3.39)表明，利用纳米粒子尺寸效应物理模型可以计算出纳米粒子表面能尺寸效应数理模型。

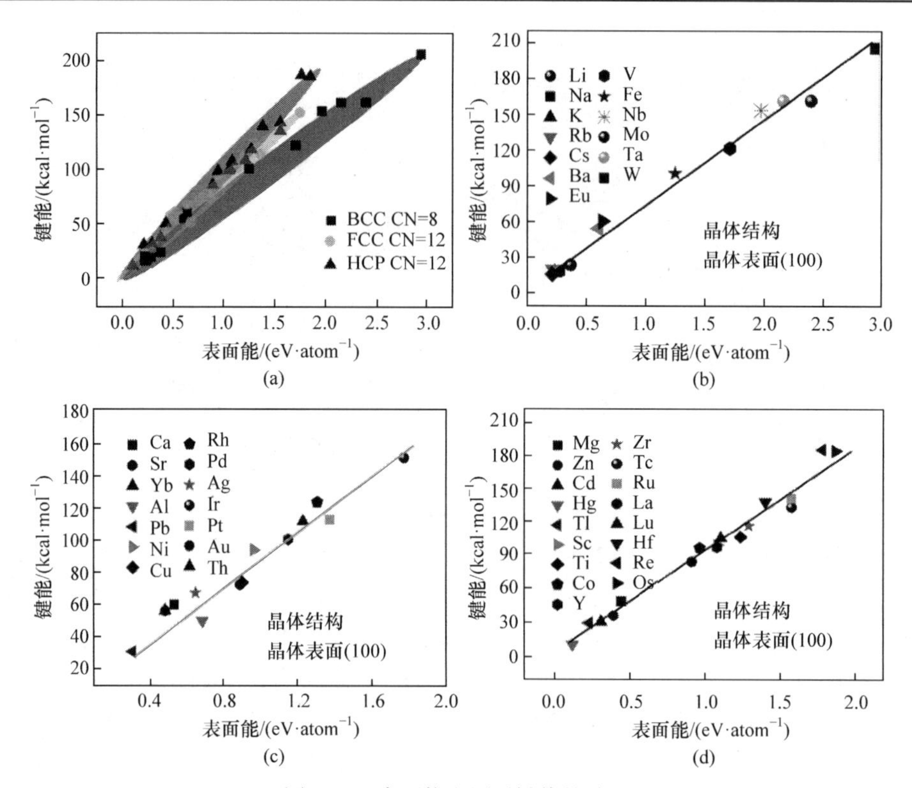

图 3.15 表面能和原子键能的关系

(b) BCC 结构 (100) 晶面；(c) FCC 结构 (100) 晶面；(d) HCP 结构 (0001) 晶面；1 kcal=4184 J

3.2.3 表面能尺寸效应

1. 不同晶面

由纳米粒子表面能尺寸效应数理模型计算得到的不同晶面指数 Al (a)、Na (b)、Mg (c) 和 Be (d) 金属纳米粒子表面能与粒径的关系如图 3.16 所示 (计算参数由表 3.2 给出)，实验和分子动力学模拟所得的 Al、Na、Mg 和 Be 金属纳米材料表面能与粒径的关系[41]列于图中。

表 3.2 纳米粒子相关计算参数

元素	r_0 / nm	σ_b/(J · m^{-2})	η	Z	N	E_b/(J · mol^{-1})
Al (110)	0.1431	1.0145	FCC 0.74	4	$3\sqrt{2}/(32r_0^2)$	0.3212
Na (110)	0.1537	0.2277	HCP 0.74	3	$3\sqrt{2}/(32r_0^2)$	0.1083
Mg (0001)	0.1600	0.6643	HCP 0.74	3	$3/(8r_0^2)$	0.1477

续表

元素	r_0 / nm	σ_b/(J · m^{-2})	η	Z	N	E_b/(J · mol^{-1})
Be (0001)	0.1130	1.2980	HCP 0.74	3	$1/(8r_0^2)$	0.3217
(111)	0.1442	1.280	FCC 0.74	4	$3\sqrt{2}/(32r_0^2)$	0.3362
Au (100)	0.1442	1.630	FCC 0.74	4	$3\sqrt{2}/(32r_0^2)$	0.3362
(110)	0.1442	1.700	FCC 0.74	4	$3\sqrt{2}/(32r_0^2)$	0.3362
Ag	0.1444	1.0998	FCC 0.74	4	$1/(8r_0^2)$	0.2860

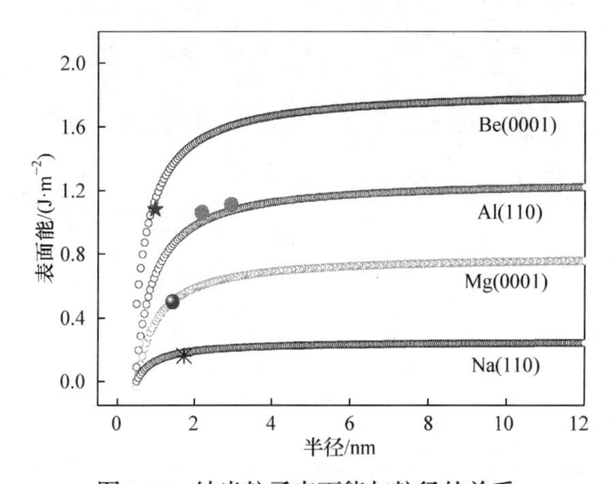

图 3.16　纳米粒子表面能与粒径的关系

由图 3.16 可以看出，纳米粒子表面能尺寸效应数理模型给出的理论结果与分子动力学结果吻合较好。在 1～3 nm 范围内，式(3.39)给出的结果与模拟值较为接近，说明纳米粒子表面能尺寸效应数理模型在小尺寸时的精确性仍然较好。

由纳米粒子表面能尺寸效应数理模型计算得到的不同晶面指数 Au 金属纳米粒子的表面能与粒径的关系如图 3.17 所示(计算参数由表 3.2 给出)，实验所得的不同晶面指数 Au 金属纳米粒子的表面能与粒径的关系[41]列于图中。可以看出，不同晶面处的表面能是不同的，但这种差别不是非常大。图中实验数据与预测结果吻合较好，这说明式(3.39)可以预测不同晶面表面能随粒径的变化。

2. 实际纳米粒子

由纳米粒子表面能尺寸效应数理模型计算得到的 Ag 金属纳米粒子表面能与粒径的关系如图 3.18 所示(计算参数由表 3.3 给出)，实验所得 Ag 金属纳米粒子表面能与粒径的关系[70]列于图中。

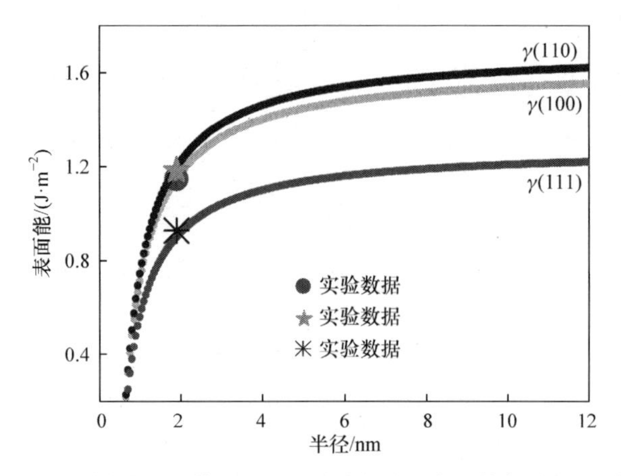

图 3.17　不同晶面指数的 Au 金属纳米粒子表面能与粒径的关系

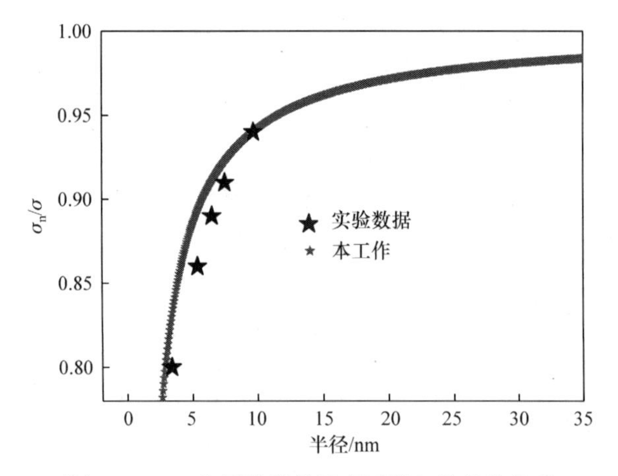

图 3.18　Ag 金属纳米粒子表面能与粒径的关系

表 3.3　Ag 金属纳米粒子理论表面能与实验值的误差分析

Ag 纳米粒子半径/nm	表面能σ_n/(J · m^{-2})		误差/%
	本工作	实验值	
4.16	1.012	1.020	0.79
6.18	1.028	1.030	0.19
8.13	1.037	1.042	0.48
10.07	1.042	1.046	0.38
15.01	1.049	1.053	0.38

纳米粒子表面能尺寸效应数理模型给出的理论结果与实验结果吻合较好，说明本模型不但可以分析不同晶面表面能的尺寸效应，还可以分析实际纳米粒子表面能的尺寸效应(各个晶面的综合作用)，适用面和实用性较分子动力学更强，准

确性较高。

表 3.3 为 Ag 金属纳米粒子理论表面能与实验值的误差分析。在 15.01 nm 时，数理模型的预测值为 1.049，与实验测量值 1.053 的误差率仅为 0.38%；在 6.18 nm 时，数理模型的预测值为 1.028，与实验测量值 1.030 的误差率最小，为 0.19%；在 4.16 nm 时，数理模型的预测值为 1.012，与实验测量值 1.020 的误差率最大，为 0.79%。总而言之，数理模型的误差率小于 1%，这可能是实验测量误差导致的；模型能有效预测实际纳米晶体表面能的尺寸效应。

由纳米粒子表面能尺寸效应数理模型计算得到的 PbS 化合物纳米粒子表面能与粒径的关系如图 3.19 所示（计算参数由文献[44]给出），实验所得 PbS 纳米粒子表面能与粒径的关系[44]列于图中。

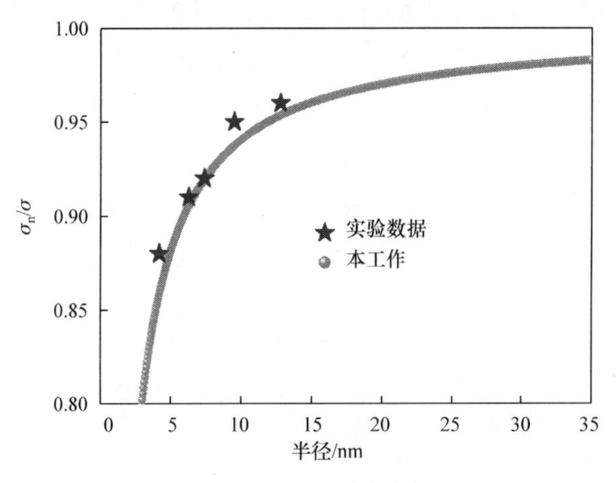

图 3.19　PbS 纳米粒子表面能与粒径的关系

可以发现，理论计算值与实验测量值吻合良好，纳米粒子表面能尺寸效应数理模型也可以较好地预测化合物 PbS 纳米粒子表面能随粒径的变化规律，且在 4 nm 的小尺寸时仍有很好的精确度。

3.2.4　表面吸附尺寸效应数理模型

纳米晶体材料具有较大的表面积和较多的表面原子，因而显示出较强的吸附能力。

纳米晶体材料不能像液体那样通过改变表面形状、缩小表面积而降低表面能，但可以利用表面悬空键的剩余力场捕捉气相或液相中的分子，降低系统总能。设纳米晶体材料未吸附时的总吉布斯自由能为 G_n，吸附平衡时系统的吉布斯自由能为 G_2，吸附一个分子的吉布斯自由能为 G_1，则吸附能 ΔG_{ad} 可表示为

$$\Delta G_{ad} = \frac{G_n + xG_1 - G_2}{x} \tag{3.40}$$

式中，x 为吸附分子数。

常见的吸附热力学模型有 4 种，即 Henry 吸附模型、Langmuir 吸附模型、Freundlich 吸附模型和 BET 吸附模型。为简单起见，本书立足于单层化学吸附的 Langmuir 气体吸附等温式。

单一气体吸附的 Langmuir 方程为

$$\frac{q}{q_{\max}}=\frac{bC}{1+bC} \tag{3.41}$$

式中，q 为单位表面积的吸附量；$q_{\max}$ 为单层饱和吸附量；C 为吸附物的有效浓度；b 为吸附常数或称吸附系数，满足玻尔兹曼分布律，可表示为

$$b=\exp(-\Delta G_{\mathrm{ad}}/RT) \tag{3.42}$$

式中，R 为玻尔兹曼常量；T 为热力学温度。

对于固-气界面，由于界面由不同物质组成，其界面能 $\sigma_{\text{s-g}}$ 可近似等于两者界面能之和的平均值[48]

$$\sigma_{\text{s-g}}=(\sigma_{\mathrm{s}}+\sigma_{\mathrm{g}})/2 \tag{3.43}$$

式中，σ_{s} 为纳米晶体材料表面能，根据式(3.39)计算；σ_{g} 为吸附气体的表面能，纳米晶体材料吸附同种原子，表面能不变，可视为特殊情况。

于是，系统吉布斯自由能变 $\Delta G_{\text{s-g}}$ 可表示为

$$\Delta G_{\text{s-g}}=\int_{R=\infty}^{R}\sigma_{\text{s-g}}\,\mathrm{d}A \tag{3.44}$$

式中，A 为表面积（$A=4\pi R^2$）。

令 $R=\infty$，得

$$\Delta G_{\text{s-g}}=\sigma_{\text{s-g}}\cdot N\cdot 4\pi r_0^2 \tag{3.45}$$

根据式(2.16)可得

$$\Delta G_{\text{s-g}}=\frac{(\sigma_{\mathrm{s}}+\sigma_{\mathrm{g}})}{2}\cdot N\cdot 4\pi r_0{}^2\cdot\left(\frac{r_0}{R}\cdot\frac{\rho_{\mathrm{b}}}{\rho_{\mathrm{n}}}\cdot\frac{1}{\eta}-1\right) \tag{3.46}$$

式(3.46)为纳米粒子表面吸附尺寸效应数理模型。

由式(3.46)可见，吸附能恒为负值($r_0/R<1$)。当纳米粒子粒径 R 远大于 r_0 时(块体材料)，吸附能等于块体材料；当纳米粒子粒径 R 接近于 r_0 时，纳米粒子具有显著的尺寸效应[77-78]。

3.2.5　表面吸附尺寸效应

由纳米粒子表面吸附尺寸效应数理模型计算得到的金刚石纳米粒子吸附 CO 的吸附能与粒径的关系如图 3.20 所示(计算参数由文献[42]给出)，分子动力学模拟所得金刚石纳米粒子吸附 CO 的吸附能与粒径的关系[44]列于图中。

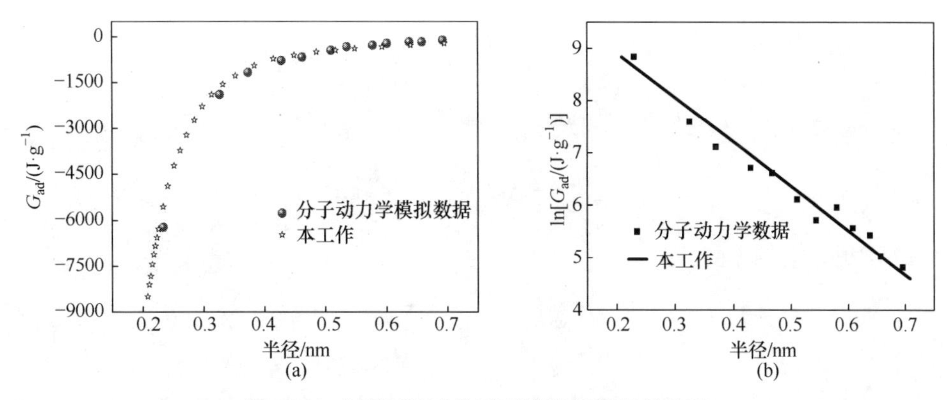

图 3.20　金刚石纳米粒子吸附能与粒径的关系

可以看到，金刚石纳米粒子在 0.5 nm 以下时的吸附能开始发生明显变化，在 0.3 nm 以下时变化十分显著，理论计算值与计算机模拟值吻合良好，纳米粒子表面吸附尺寸效应数理模型可以较好地预测金刚石纳米粒子吸附 CO 的吸附能随粒径的变化规律[图 3.20(a)]。图 3.20(b)中，金刚石纳米粒子的半径与吸附能近似呈指数关系，这可以用 ln(1+x)的等效无穷小为 x 解释，说明本数理模型表述形式上是合理有效的。

3.2.6　表面张力尺寸效应

晶体材料的表面张力是表征材料表面特性的另一重要物理量，通常使用接触角测试方法测定。

为了更好地理解纳米晶体材料尺寸效应物理模型，此处介绍 Nanda 基于尺寸依赖的蒸发技术而建立的纳米液滴表面张力模型，可以更好地说明纳米粒子尺寸效应物理模型[44]。

根据开尔文(Kelvin)方程，在一定温度下，平面固体的饱和蒸气压为 p_b，而半径为 r 的纳米粒子的饱和蒸气压为 p_n。根据相平衡原理，气-固两相平衡时应有

$$\ln\frac{p_n}{p_b}=\frac{2\gamma_n M}{RT\rho_n r}\tag{3.47}$$

式中，M 为原子量；ρ_n 为纳米粒子密度；R 为摩尔气体常量；T 为热力学温度。

对于平面固体的饱和蒸气压 p_b，根据 Clausius-Clapeyron 方程，用蒸发焓 $\Delta H_{sub,b}$ 表示

$$\ln p_b=\frac{-\Delta H_{sub,b}}{RT}+C\tag{3.48}$$

同样地，对于纳米粒子的饱和蒸气压 p_n 有

$$\ln p_n=\frac{-\Delta H_{sub,n}}{RT}+C\tag{3.49}$$

将式(3.48)和式(3.49)代入式(3.47)得

$$\begin{aligned}\Delta H_{\text{sub,n}} &= \Delta H_{\text{sub,b}} - \gamma_{\text{n}} \cdot \frac{2M}{\rho_{\text{n}} R} \\ &= \Delta H_{\text{sub,b}} - \gamma_{\text{n}} \cdot \frac{8}{3}\pi R^2\end{aligned} \tag{3.50}$$

上式两边同时除以 $\Delta H_{\text{sub,b}}$ ，得

$$\frac{\Delta H_{\text{sub,n}}}{\Delta H_{\text{sub,b}}} = 1 - \gamma_{\text{n}} \cdot \frac{8\pi R^2}{3\Delta H_{\text{sub,b}}} \tag{3.51}$$

由于纳米粒子的蒸发起始温度 $T_{\text{onset,n}}$ 、块体材料的蒸发起始温度 $T_{\text{onset,b}}$ 与相应的蒸发焓成正比，故

$$\frac{T_{\text{onset,n}}}{T_{\text{onset,b}}} = 1 - \gamma_{\text{n}} \cdot \frac{8\pi R^2}{3\Delta H_{\text{sub,b}}} \tag{3.52}$$

通过实验测得纳米粒子的蒸发起始温度 $T_{\text{onset,n}}$ 和块体材料的蒸发焓 $\Delta H_{\text{sub,b}}$ ，即可计算出纳米粒子的表面张力。Nanda 通过拟合 Au、Ag 和 PbS 纳米粒子不同晶粒尺寸时的实验数据发现：$\gamma_{\text{b}} = \gamma_{\text{n}} \cdot \text{CN}/2$ 。

3.3　纳米晶体材料晶体密度特性

密度是材料的一种基本特性，一般认为它只与物质的种类有关，与质量、体积和粒径大小等因素无关。最近一些学者发现，纳米晶体材料密度具有尺寸效应，且主要取决于表面能(晶粒尺寸减小，表面能增大，晶格膨胀)和晶格畸变能(晶粒尺寸减小，晶格畸变能增大，晶格收缩)的综合作用。图 3.21 为纳米粒子晶格收缩与粒径的关系图。其中，R_0 为未收缩时的粒子半径，R 为收缩后的粒子半径。

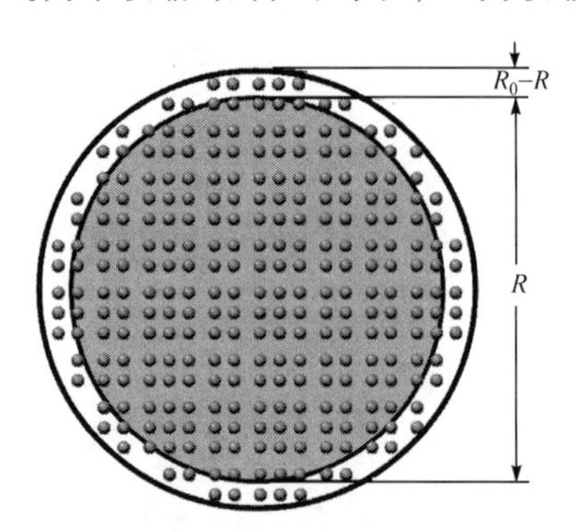

图 3.21　纳米粒子晶格收缩与粒径的关系

3.3.1　数理模型介绍

1. 实验和模拟研究

纳米晶体材料密度方面的实验和模拟研究还不多见。

实验研究的思路和方法大同小异，基本都是使用离子溅射镀膜法制备各类纳米薄膜，利用 XRD 表征不同尺寸下薄膜的晶格常数，给出薄膜厚度与密度的内在关联。

Lovell 等[79]利用电子入射到纳米薄膜上的透射能量曲线研究 Al、Cu、Sb 和 Au 薄膜密度与厚度的关系，发现上述薄膜密度在 100～1000 nm 范围内都没有明显变化。Švorčík 等[80]使用离子溅射镀膜法研究 Au 金属纳米薄膜密度的尺寸效应，发现薄膜密度在大于 20 nm 的范围内没有明显变化。

随着研究的逐渐深入，更多实验数据证实，纳米晶体材料密度具有尺寸效应[81-82]。例如，Siegel 等[83]也使用离子溅射镀膜法研究 Au 金属纳米薄膜密度的尺寸效应，与 Švorčík 等不同的是，发现薄膜密度随厚度的减小而降低。Kolská 等[84-85]的研究思路和方法与前人相同，探讨了 Cu、Cr 和 TiN 纳米薄膜密度的尺寸效应，发现薄膜密度明显要低于相应的块体材料。此外，Opalinska 等[86]利用微波水热法制备了 ZrO_2 化合物纳米粒子，研究了粒子比表面积和密度的关系，发现粒径小于 50 nm 时 ZrO_2 化合物纳米粒子的密度具有明显的尺寸依赖性。

2. 数理模型研究

从实验和模拟研究可以看出，目前的研究主要集中在表面能、结合能和晶格畸变能对纳米粒子密度的影响。

由于实验和模拟方面的研究不多，因此数理模型方面的研究也较为有限，其中典型的数理模型可概括如下。

(1) Safaei[87]基于晶格敏感模型，提出了纳米晶密度尺寸效应的数理模型

$$\rho_{\mathrm{n}}=\frac{m}{V}=\rho_{\mathrm{b}}-\frac{1}{c^{2}V}E \tag{3.53}$$

式中，ρ_{n} 为纳米晶密度；m 为质量；V 为体积；ρ_{b} 为块体密度；c 为常数；E 为结合能。

Nanda[88]在 Safaei 晶格敏感模型的基础上，结合液滴模型给出了纳米粒子尺寸效应的数理模型

$$E_{\mathrm{vd}}=E_{\mathrm{v}}-\frac{6V_{\mathrm{atom}}\gamma}{d} \tag{3.54}$$

式中，E_{vd} 为纳米粒子的结合能；E_{v} 为块体材料的结合能；V_{atom} 为原子体积；γ 为表面张力；d 为纳米粒子直径。

根据纳米粒子的原子质量 m_a 和原子数 N，纳米材料的结合能可以进一步改写为

$$m_N = Nm_a - N\frac{E_{vd}}{c^2} \tag{3.55}$$

式中，m_N 为纳米粒子的质量；c 为与结合能相关的常数。

因此，根据粒子的体积 v，纳米粒子的密度可表示为

$$\rho = \frac{m_a}{v} - \frac{E_{vd}}{c^2 v} = \frac{m_a}{v} - \frac{1}{c^2 v}(E_v - \frac{6V_{atom}\gamma}{d}) \tag{3.56}$$

图3.22为纳米粒子密度尺寸效应数理模型给出的理论计算结果与实验数据比较图。其中，数据点为实验结果，曲线为理论值。原始数据为薄膜厚度与密度的关系，而理论计算结果为粒径与密度的关系。可以看出，理论值与实验数据的变化趋势基本吻合，但要高出不少，这可能是由薄膜和粒子的晶格畸变有别导致的。

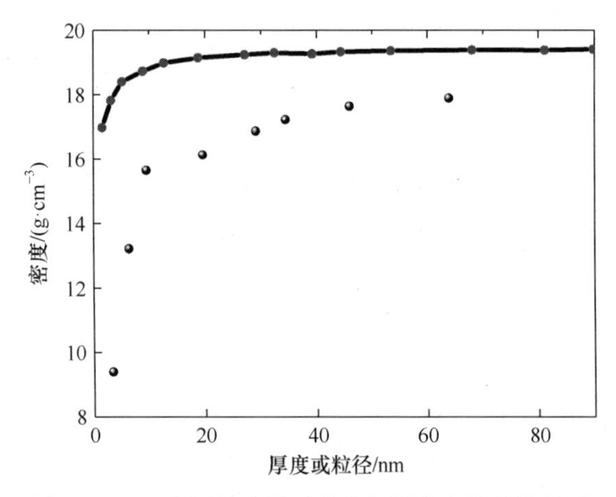

图 3.22　Au 金属纳米粒子密度与厚度或粒径的关系

(2) 陈慧敏等[89]利用德拜温度计算了纳米晶的摩尔等压热容，提出了密度尺寸效应的数理模型，可惜该模型未考虑波速的尺寸效应，导致与其他模型在变化趋势上有一定的误差

$$\Theta_{D,n} = \Theta_{D,b}(\rho_n / \rho_b)^{\frac{1}{3}} \tag{3.57}$$

式中，$\Theta_{D,n}$ 和 $\Theta_{D,b}$ 分别为纳米材料和块体材料的德拜温度；ρ_n 和 ρ_b 分别为纳米材料和块体材料的密度。

(3) Omar[90]根据均方位移理论和德拜理论，给出了纳米晶体材料熔点与体积尺寸效应的数理模型：

$$\frac{T_{m,n}}{T_{m,b}}=(\frac{V_n}{V_b})^{\frac{2}{3}}\exp\left[-\frac{2S_{vib}}{3R(r/r_c-1)}\right] \tag{3.58}$$

式中，V_b 为块体材料的体积；V_n 为纳米材料的体积；$T_{m,n}$ 为纳米材料的熔点；$T_{m,b}$ 为块体材料的熔点；S_{vib} 为材料的振动熵；R 为摩尔气体常量，且 S_{vib}/R 一般在 1.2～1.4。

最近，蒋青等[91]在 Omar 熔点与体积尺寸效应数理模型的基础上，提出了纳米晶体材料密度尺寸效应模型

$$\frac{V_n}{V_b}=\frac{\rho_n}{\rho_b} \tag{3.59}$$

$$\frac{\rho_n}{\rho_b}=\frac{E_n}{E_b}=\frac{T_{m,n}}{T_{m,b}}=\left(\frac{\Theta_{D,n}}{\Theta_{D,b}}\right)^2 \tag{3.60}$$

比较式(3.60)和式(3.58)、式(3.59)可以发现，三个式子之间的内在数理逻辑是相互矛盾的。

3.3.2　晶体密度尺寸效应数理模型

1. *液滴模型*

液滴模型基于 A. Safaei 和 K. K. Nanda 的数理模型。根据 Laplace 方程和液滴模型，对于维持半径为 R 的液滴，所需的附加压强为

$$p=\frac{2\sigma_n}{R}=-K_n\cdot\frac{V_b-V_n}{V_n} \tag{3.61}$$

式中，V_b 和 V_n 分别为块体材料和纳米粒子的晶体体积；σ_n 为纳米粒子的表面能；K_n 为纳米粒子的体积模量。

式(3.61)还可以改写为

$$\frac{V_b}{V_n}=1-\frac{2}{R}\frac{\sigma_n}{K_n} \tag{3.62}$$

根据式(3.17)，纳米粒子的表面能和体积模量仍然呈正比关系，于是

$$\frac{V_b}{V_n}=1-\frac{r_0^3\cdot Z\cdot N}{2c}\cdot\frac{1}{R} \tag{3.63}$$

式中，r_0、Z、N 和 c 都为常数。

结合式(3.63)，定义体积膨胀系数β。根据图 3.1 的拟合斜率，可知β=1.5。

$$\frac{V_b}{V_n}=\frac{\rho_n}{\rho_b}=1-\frac{\beta}{R} \tag{3.64}$$

2. 德拜模型

德拜模型基于陈慧敏、Omar 和蒋青等的数理模型。根据固体物理晶格动力学理论，块体材料的德拜温度可表示为

$$\Theta_{D,b}=\frac{\eta\cdot v_{p,b}}{k_B}\cdot\left(\frac{3}{4\pi}\cdot\frac{N}{V_b}\right)^{\frac{1}{3}} \tag{3.65}$$

式中，$\Theta_{D,b}$ 为块体材料的德拜温度；N 为块体材料的原子数；V_b 为块体材料的晶体体积；$v_{p,b}$ 为块体材料的波速；η 和 k_B 分别为狄拉克常量和玻尔兹曼常量。

假设有一理想晶体，原子质量为 m_0，密度为 ρ_b，原子总数为 N，阿伏伽德罗常量为 N_A，则该晶体的体积 V_b 可表示为

$$V_b=\frac{m_0\cdot N}{\rho_b\cdot N_A} \tag{3.66}$$

类似地，原子质量为 m_0、密度为 ρ_n、原子总数为 N、体积为 V_n、波速为 $v_{p,n}$ 的纳米晶体材料有

$$V_n=\frac{m_0\cdot N}{\rho_n\cdot N_A} \tag{3.67}$$

$$\Theta_{D,n}=\frac{\eta\cdot v_{p,n}}{k_B}\cdot\left(\frac{3}{4\pi}\cdot\frac{N}{V_n}\right)^{\frac{1}{3}} \tag{3.68}$$

将式(3.68)和式(3.65)相除，得

$$\frac{\Theta_{D,n}}{\Theta_{D,b}}=\left(\frac{V_b}{V_n}\right)^{\frac{1}{3}}\left(\frac{v_{p,n}}{v_{p,b}}\right)=\left(\frac{\rho_n}{\rho_b}\right)^{\frac{1}{3}}\left(\frac{v_{p,n}}{v_{p,b}}\right) \tag{3.69}$$

式中，$\Theta_{D,n}$ 为纳米晶体材料的德拜温度。陈慧敏等未考虑波速的尺寸效应，导致与其他模型在趋势上有一定的误差。根据式(3.58)纳米晶体材料熔点与体积尺寸效应的数理模型(波速的尺寸效应数理模型)有

$$\frac{T_{m,n}}{T_{m,b}}=\left(\frac{\rho_n}{\rho_b}\right)^{\frac{2}{3}}\exp\left[-\frac{2S_{vib}}{3R(r/r_0-1)}\right] \tag{3.70}$$

式中，r 为粒径；r_0 为原子半径；S_{vib} 为振动熵；R 为摩尔气体常量；S_{vib}/R 可取 1.3。

3.3.3　晶体密度尺寸效应

由液滴模型(ρ_n/ρ_b)[85]计算得到的 Au 金属纳米粒子密度与粒径的关系如图 3.23 所示(纳米薄膜利用 Laplace 方程等效法进行换算)，实验所得 Au 金属纳

米粒子密度与粒径的关系(ρ_n/ρ_b)列于图中。

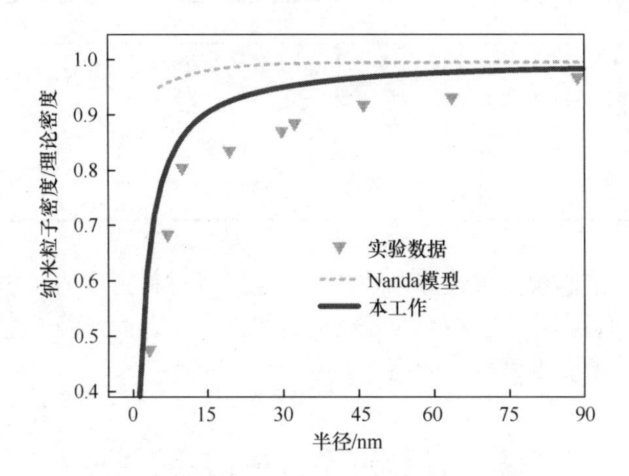

图 3.23　Au 金属纳米粒子密度与粒径的关系

纳米粒子的密度比相应的块体材料要小，且比 Nanda 模型要低许多。这是因为 Nanda 使用晶格模型计算，忽略了纳米粒子内部的自由表面、界面和晶体缺陷。本数理模型与实验结果符合得较好，在 15 nm 以下时尤为接近[92]。

由德拜模型计算得到的 ZrO_2 纳米粒子密度与纳米尺寸的关系(ρ_n/ρ_b)如图 3.24 所示，实验所得的 ZrO_2 纳米粒子与纳米尺寸的关系(ρ_n/ρ_b)列于图中。具体计算参数如表 3.4 所示。ZrO_2 有三种不同晶形，验证实验中的晶形为单斜，故取单斜晶系列（第 3 列）。由图可见，该数理模型与实验结果符合得较好，在 5～120 nm 范围内都十分接近[90]，这一结果说明德拜模型能够较好地预测金属纳米化合物密度的尺寸效应。

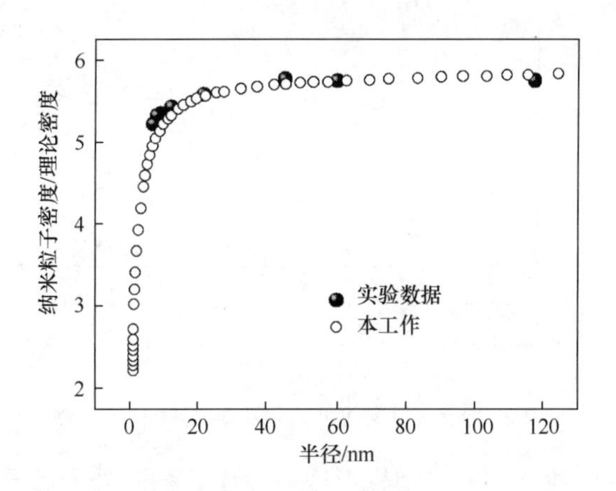

图 3.24　ZrO_2 纳米晶体材料密度与纳米尺寸的关系

表 3.4　ZrO_2纳米粒子相关计算参数

参数	立方晶系	四方晶系	单斜晶系
T_m / K	2988	2643	3147
S_{vib} / (J · g · atom^{-1} · K^{-1})	9.82	9.82	9.82
ρ_b / (g · cm^{-3})	6.29	6.1	5.87
晶格常数/ nm	a=0.527	a=b=0.5，c=0.52609	a=0.5184，b=0.5207，c=0.537，β=98.0

总的来说，液滴模型可较好地处理纯金属纳米材料密度的尺寸效应，德拜模型可较好地处理各类化合物纳米粒子密度的尺寸效应，而液滴模型无需复杂的参数，计算更为简便，准确度也较高。

3.4　纳米晶体材料力学特性

拉伸实验是测定材料在常温静载下机械性能的最基本和重要的实验之一，这是因为工程设计中所选用的材料的强度、塑性和杨氏模量等机械指标大多数是以拉伸实验为主要依据。本书以拉伸实验的应力-应变曲线为例引出纳米晶体材料的主要力学参数。

金属材料拉伸过程中的形变通常可以分为 4 个阶段：弹性形变阶段、屈服阶段、强化阶段和塑性形变阶段。图 3.25 为金属材料拉伸过程的应力-应变曲线。

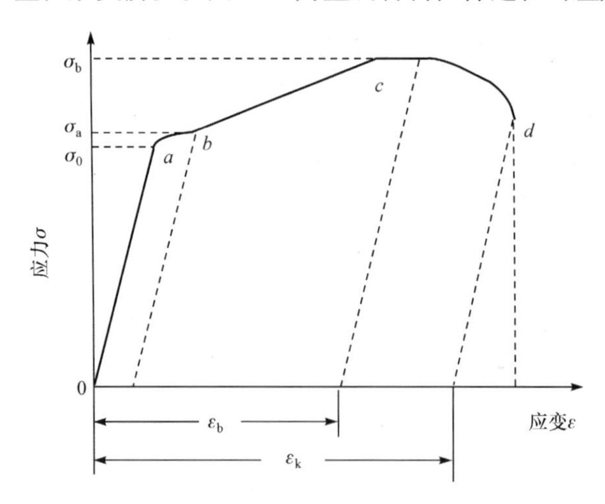

图 3.25　金属材料拉伸过程中的应力-应变曲线

(1) 弹性形变阶段 (0→a)。弹性形变阶段中，撤除外力后没有应变产生，此时只有极少量的位错。反映该过程的力学参数主要有劲度系数、泊松比、体积模量、杨氏模量及剪切模量等。

(2) 屈服阶段 ($a \to b$)。当应力超过弹性形变能承受的最大极限时，形变将进入屈服阶段。屈服阶段中，大量的位错开始萌生、增殖。

(3) 强化阶段 ($b \to c$)。强化阶段在屈服阶段的基础之上，位错继续增殖，并且产生大量气团(科氏气团、铃木气团等)钉扎阻碍位错运动。在屈服阶段和强化阶段，撤除外力之后，将有不可恢复的永久形变。反映这两个阶段的主要力学参数有强度和硬度等。

(4) 塑性形变阶段 ($c \to d$)。强化阶段之后，将进入塑性形变阶段，此时材料产生不可恢复的形变，直至断裂。反映该过程的力学参数主要为塑性。

值得注意的是，大多数非金属或一些金属材料在形变过程中并没有明显的屈服和强化阶段，反映该特性的力学参数主要为脆性。

金属材料的晶粒尺寸是影响其力学性能的重要因素。通常随着晶粒尺寸的减小，材料的弹性、强度、硬度和塑性等性能都得到了较好的提升[93-95]。由于材料进入屈服阶段和强化阶段后，强度、硬度和塑性的变化不完全取决于材料键能和晶体结构，因此本书重点研究弹性形变阶段(弹性形变阶段中，三种模量有换算关系，故主要分析杨氏模量)。

3.4.1　数理模型介绍

1. 实验和模拟研究

1) 杨氏模量

杨氏模量是反映材料内原(离)子键合强度的重要参量[96]。早期的实验显示纳米材料的杨氏模量低于块体材料[97]。例如，超细微粉冷压合成法制备的纳米晶 Pd 的杨氏模量为粗晶的 70%[98-99]，纳米 ZnO 的杨氏模量为粗晶的 50%[100]。此外，超细微粉冷压合成法的纳米 TiO_2 的杨氏模量为 40 GPa，而其对应粗晶的杨氏模量为 284.2 GPa[101]。后来查明上述实验中杨氏模量降低主要是样品中微孔隙造成的。例如，Sanders 等[102]研究了微孔隙与杨氏模量的关系，发现杨氏模量随样品中的微孔隙增多而呈线性下降。

值得注意的是，Shen 等[103]利用机械球磨法制备无孔隙的 Fe、Cu、Ni 和 Cu-Ni 合金纳米晶，选用纳米压痕技术测试了纳米晶的杨氏模量，发现纳米晶的杨氏模量比普通多晶材料略小，且随着晶粒减小而降低。

也有部分报道持相反结论。其中较有影响力的是 Champion 等[104-105]将粉末冶金技术制备的纳米晶 Cu 拉伸试样(透射电子显微镜观察到样品的晶粒尺寸为 50～80 nm)，与相同的外界条件下晶粒尺寸为 10 μm 的微晶 Cu 拉伸试样进行对比实验，发现在误差范围内两种材料的杨氏模量相同。

目前纳米材料杨氏模量的测量方法主要有纳米压痕法[103,106-107]、拉伸法[105]和超声波法[108]等。从纳米压痕法和拉伸法得出的杨氏模量值比超声波法要小。这是因为超声波法测定的是未弛豫的杨氏模量，其数值应比弛豫后的杨氏模量值大[96]，而纳米压痕法和拉伸中测得的是弛豫与未弛豫的中间状态，因此其值偏小。另外，在拉伸实验中应变速率的不同也会造成杨氏模量测量值有所不同。应变速率大时，其杨氏模量的测量值大；应变速率小时，其杨氏模量测量值则相应较小。

2)强度

强度是描述材料承受载荷能力的重要指标[109]。塑性形变理论认为，金属材料的形变方式分为两种——滑移和孪生。滑移是晶体中位错移动所致(与键能和晶体结构没有直接关联)，且晶界对位错具有阻碍作用。因此，细化晶粒(提高晶界数量)可以有效提升金属材料的强度。普通金属材料的屈服极限和晶粒尺寸符合Hall-Petch公式：

$$\sigma_{\mathrm{y}}=\sigma_{\mathrm{i}}+kd^{-\frac{1}{2}} \tag{3.71}$$

式中，σ_{y}为材料的屈服极限；σ_{i}为强度常数；k为大于0的常数；d为晶粒直径，是球形晶粒直径的平均值。

Hall-Petch公式主要基于晶界和位错运动理论提出。近些年的研究发现，金属纳米晶的晶粒尺寸小于位错的平衡距离(20 nm左右[110])时，晶粒内几乎不再有位错存在，此时Hall-Petch公式失效[111-113]。

例如，Sanders等[102]采用超细微粉冷压合成法制备纳米晶Cu。拉伸试验表明，纳米金属的屈服强度和断裂强度均远高于同成分粗晶材料：纳米晶Cu(晶粒尺寸为25～50 nm)的屈服强度高达350 MPa，而冷轧态粗晶Cu的强度为260 MPa，退火态粗晶Cu仅为70 MPa。Youngdahl等[114]和Jia等[115]研究了Cu、Pd和Fe纳米晶的强度，发现其屈服强度高达GPa量级，断裂应变可达20%。与此同时，Nieman等[98]研究了纳米晶Pb、Au、Ni等样品，也得到了类似结果。

值得注意的是，考虑到强度与微孔隙有关，卢柯等[116]利用电解沉积技术制备全致密的纳米晶Cu，拉伸试验发现结果与冷压合成法制备的纳米晶不同。

3)硬度

硬度是衡量材料软硬程度的重要参数。硬度既可以理解为材料抵抗弹性形变、塑性形变或破坏的能力，也可以表述为材料抵抗残余形变和反破坏的能力，是材料弹性、塑性、强度和韧性等力学性能的综合指标。

纳米晶硬度方面的研究主要建立在纳米压痕技术的基础上。Zong等[117]研究了FCC单晶Ni、Au和Ag(001)晶面纳米-微米压痕的尺寸效应，发现上述3种纳米晶的纳米压痕具有显著的尺寸依赖性。Bigerelle等[118]提出了一种测定纳米压痕尺寸效应的载荷位移曲线新方法，该方法与实验结果吻合较好。值得一提的是，

Tatiraju 等[119]利用纳米压痕技术研究了聚合物纳米材料的纳米压痕尺寸效应，证实在 1～30 μm 范围内聚酰胺或酰亚胺聚合物的纳米压痕具有尺寸效应。

4) 塑性

塑性是表征材料承受塑性形变而不断裂的重要依据。众所周知，材料的塑性和强度是一对矛盾：强度越高，塑性越差；反之强度越低，塑性越好。细化晶粒能够同时提高材料的强度和塑性。早期的材料工作者认为，晶粒尺寸减小到纳米量级时，材料的塑性将获得极大提升，甚至塑性极差的陶瓷材料也能具有金属材料的优异塑性(可以利用陶瓷材料制备塑性好、导热性差、强度高的陶瓷发动机)。这种推断的理论基础是纳米材料的特殊结构和形变机理为晶界扩散蠕变。晶界扩散蠕变形变速率与晶粒尺寸的立方成反比，当晶粒减小到纳米量级时，形变速率大幅度提高[120-121]。

然而近些年的研究发现事实并非完全如此。例如，Koch 等[122]发现纳米 Cu(晶粒尺寸小于 25 nm)的延伸率低于 10%，比粗晶 Cu 小得多。而且塑性随晶粒的减小而减小。这种现象与样品中的缺陷密切相关，尤其是在压制纳米粉粒时引入的孔隙等缺陷会大幅度降低塑性。

在保持样品中缺陷状态不变时，同成分纳米材料的塑性随晶粒的减小而增大。例如，用非晶完全晶化法制备的纳米 Ni-P 合金[123]，当晶粒尺寸从 100 nm 减小到 7 nm 时，样品的断裂应变提高 2 倍。全致密无污染 Cu(晶粒尺寸为 30 nm)的延伸率达 30%以上[116]，与粗晶 Cu 相当(但前者的强度是后者的 2 倍)。

5) 蠕变

蠕变是评价材料在长时间恒温、恒载荷作用下缓慢产生塑性形变的重要根据。蠕变与塑性形变不同，塑性形变通常在应力超过弹性极限之后才出现，而蠕变只要应力的作用时间相当长，它在应力小于弹性极限施加的力时也能出现。目前对金属纳米晶蠕变方面的研究较少。Wang 等[124]和 Cai 等[125]利用电解沉积技术制备的致密纳米 Ni 和 Cu 在室温下表现出明显的蠕变特性。利用非晶态合金晶化法[126]制备的样品(致密的 Ni-P 合金[127])也表现为蠕变速率增大，这与内部组织结构有关。而用纳米微粉冷压合成的样品的蠕变速率很小，与理论预测值相差几个数量级[128]。

6) 计算机模拟

计算机模拟一般使用分子动力学方法。Van Swygenhoven 等[129-130]较早地使用分子动力学方法构建了纳米多晶金属的结构，指出与传统粗晶相比，高密度纳米多晶的塑性行为是其不断增加的屈服应力。晶界对纳米多晶的性质起很大作用，随着晶粒的减小，塑性机制中位错源消失，塑性机制转化为晶界滑移与柯勃尔蠕变。

用分子动力学研究纳米材料的性质时，通常选用液体快速冷凝法[131]、Voronoi 几何法[132]、单晶颗粒压缩法[133]生成多晶样本的初始构型。

Schiøtz 等[134]利用分子动力学模拟了纳米晶 Cu 的塑性行为。模拟结果表明，金属纳米材料的塑性形变机制主要是晶粒边界滑移和位错运动。在 0 K 和 300 K，纳米 Cu（晶粒尺寸在 6～13 nm 范围）屈服强度和流变强度均表现出反常 Hall-Petch 关系，即 $k<0$。表明“理想”纳米材料（无污染、全致密、完全弛豫态、细小均匀晶粒）的性能可能与常规多晶材料完全不同，但是“理想”纳米材料试验上难以获得。

Ma 等[135]利用分子动力学模拟了表面喷丸强化纳米晶粒的形成。模拟结果显示，分子动力学计算结果与卢柯等[136]的实验结果一致（晶粒尺寸为 5～20 nm）。

此外，纳米压痕实验可以表征金属纳米晶的弹性和塑性行为，近些年许多压痕模拟已被报道[137]。出于讨论的准确和简便性，这些报道大多集中在单晶纳米压痕模拟方面[138-140]。

2. 数理模型研究

理想晶体的杨氏模量与键能成正比，是表征化学键强弱的重要参数[141-142]。

1）势能函数

探讨杨氏模量或键能随晶粒尺寸的变化规律之前，先给出势能函数的具体形式。势能函数在材料科学、原子分子反应动力学、分子光谱、分子振动转动能级结构、原子分子的电子结构、等离子体、光离化、激光与物质相互作用、分子摩擦、润滑及火药等理论的研究方面起着重要作用[143]。其中较为著名的有 Lennard-Jones 势、Morse 势、嵌入式原子势（EAM 势）、位能势、Murrell-Sorbie 势、HMS 势、F-S 势、修正型嵌入式原子势（MEAM 势）和赝势等。以下介绍可用于计算纳米材料杨氏模量尺寸效应的主要势能函数。

Lennard-Jones 势：

$$\varphi(r)=\frac{pq}{p-q}\varepsilon_{\mathrm{b}}[\frac{1}{p}(\frac{a_0}{r})^p-\frac{1}{q}(\frac{a_0}{r})^q] \tag{3.72}$$

式中，p、q 为常数，r 为原子间平衡距离，依赖于势能曲线的形状；a_0 为原子间平衡距离；ε_{b} 为势能最小值[144-146]。

一般 Lennard-Jones 势中常数 p=12，q=6，即

$$\varphi(r)=\varepsilon_{\mathrm{b}}[(\frac{a_0}{r})^{12}-2(\frac{a_0}{r})^6] \tag{3.73}$$

经验电子理论模型：

$$V(r)=\frac{g\,\mathrm{e}^{r/r_0}}{r}[\mathrm{e}^{-2n(r-r_0)/\lambda_{\mathrm{D}}}-2\,\mathrm{e}^{-n(r-r_0)/\lambda_{\mathrm{D}}}] \tag{3.74}$$

式中，r 为两原子距离；r_0 为势能极小点；n 为经验参数；λ_{D} 为平均德拜波长；g 为键合强度[147-148]。

对于 1 mol 晶体，其总势能函数 U 可表示为

$$U = \frac{N}{2}\sum_{i \neq j} \frac{g_{i,j}\,\mathrm{e}^{r_{i,j}/r_{i,j0}}}{r_{i,j}}[\mathrm{e}^{-2n(r_{i,j}-r_{i,j0})/\lambda_{\mathrm{D}}} - 2\,\mathrm{e}^{-n(r_{i,j}-r_{i,j0})/\lambda_{\mathrm{D}}}] \tag{3.75}$$

式中，N 为原子数；i, j 为原子序号。

嵌入式原子势(EAM 势)[149]：

$$E_{\text{total}} = \frac{1}{2}\sum_{ij}^{n}\phi(r_{ij}) + \sum_{i}^{n} F(\overline{\rho_i}) \tag{3.76}$$

式(3.76)第一项为原子间的相互作用；F 为嵌入能，是主电子密度 $\overline{\rho_i}$ 的函数，代表原子间的静电排斥作用；ρ_i 为电子密度。原子间的相互作用势决定了原子间的相互作用力。

修正型嵌入式原子势(MEAM 势)[150]：

$$\varphi(r) = \frac{1}{2}\sum_{j}\phi(r_j) \tag{3.77}$$

其中

$$\phi(r) = (-D)[1 + A(r-1) - B(r-C)^2] \times \exp[-E(r-1)] \tag{3.78}$$

式中，参数 A、B、C、D 和 E 的值可用实验方法确定。

由于 Lennard-Jones 势简洁准确，拟合参数较少，且使用广泛，因此本书主要根据 Lennard-Jones 势进行推演。

2) 研究杨氏模量的优秀数理模型

孙长庆等[151]根据键弛豫理论和局域键平均近似，提出了 BOLS 模型。BOLS 模型认为，当材料中原子的配位数减少时，键长收缩，键强增大

$$\begin{aligned} c_i(z_i) &= d_i/d = 2\left\{1 + \exp\left[(12 - c_i)/(8z_i)\right]\right\}^{-1} \\ c_i^{-m} &= E_i/E_{\mathrm{b}} \\ E_{\mathrm{B}} &= z_i E_i \end{aligned} \tag{3.79}$$

式中，c_i 为键长收缩系数(与配位数 z_i 有关)；d 为不考虑弛豫时的原子间距；d_i 为考虑原子弛豫时的原子间距；E_i 为考虑原子弛豫时单个原子的键能；E_{b} 为不考虑原子弛豫时单个原子的键能；E_{B} 等于原子配位数乘以单个键能；i 为最外层到中心原子层的层数，一般最大取 3，第一层的有效配位数取 z_i =4，第二层的有效配位数取 z_i =6，第三层的有效配位数取 z_i =12；m 为键能性质参数。

与 BOLS 模型类似，Guo 等[144]和孙伟等[152]也根据键能和势能函数提出了结合能-杨氏模量尺寸效应模型。

欧阳钢等[153]基于热力学和连续介质力学，建立了纳米晶尺寸诱导应变和刚度

的解析模型

$$\frac{Y_s}{Y_b}=(1-\frac{2h}{D})^5+\frac{Y_s}{Y_0}\frac{5}{3}(\frac{6h}{D}-\frac{12h^2}{D^2}+\frac{8h^3}{D^3}) \tag{3.80}$$

式中，Y_s为表层的纳米材料的杨氏模量；Y_b为块体材料的杨氏模量；h为外壳原子直径；D为内核直径。

Nakano 等[154]区别处理表层的杨氏模量和内部的杨氏模量，提出了横截面积模型

$$Y=Y_b(\frac{A_b}{A_{total}})+Y_s(\frac{A_s}{A_{total}}) \tag{3.81}$$

式中，Y为整体纳米晶的杨氏模量；Y_b为纳米晶体中心的杨氏模量；Y_s为表面的杨氏模量；$A_{total}=A_b+A_s$，A_{total}、A_b和A_s分别为整体的横截面积、内部的横截面积和表面的横截面积。

此外，Yao 等[155]提出了纳米梁的杨氏模量尺寸效应模型，刘协权等[156]提出了纳米复合陶瓷杨氏模量尺寸效应模型，也同属该类模型。

根据应力-应变理论，分析各晶面上的应力-应变规律，可以推测更多的纳米材料力学特性(类似于第一性原理晶体弹性矩阵元方法)。例如，晶体各向异性、泊松比、强度和硬度等(体积模量、杨氏模量和扭转模量具有内在联系，将在第5章深入阐述)。Miller 等[157]和 Gurtin 等[158]利用应力-应变规律探讨了纳米晶的杨氏模量，为纳米材料热力学特性的研究提供了新途径。Miller 的应力-应变模型如下：

$$\frac{D-D_c}{D_c}=\alpha\frac{S}{Y}\frac{1}{h}=\alpha\frac{h_0}{h} \tag{3.82}$$

式中，D 为纳米材料的弹性特性；D_c为块体材料的弹性特性；α 为结构参数；S为表面模量；Y为杨氏模量；h_0为材料特征长度(拟合发现，h_0一般在 0.1 nm 左右)；h为材料的实际长度。

3)研究纳米压痕的数理模型

研究纳米压痕的数理模型有一定影响力，故宜专门列出。Nix 等[159]利用位错的几何变化规律，建立了硬度和压痕深度之间的准确关系。Huang 等[160]在 Nix 模型的基础上提出了不同晶粒尺寸下纳米材料硬度和压痕深度之间的数理模型。该模型与 MgO 和 Ir 的实验数据吻合得很好。

3.4.2　杨氏模量尺寸效应数理模型

1. 体积模量尺寸效应数理模型

理想晶体的势能函数 $U(r)$ 可用 Lennard-Jones 势分析

$$U(r)=(\frac{pq}{p-q})E_{\text{bulk}}[(\frac{a}{r})^{p}\cdot\frac{1}{p}-(\frac{a}{r})^{q}\cdot\frac{1}{q}] \tag{3.83}$$

式中，p、q 为常数，依赖于势能曲线的形状；a 为原子间平衡距离；E_{bulk} 为势能最小值（原子键能）。

一般 Lennard-Jones 势中常数 p=12，q=6，则

$$U(r)=E_{\text{bulk}}[(\frac{a}{r})^{12}-2\times(\frac{a}{r})^{6}] \tag{3.84}$$

在平衡位置 a 时，势能曲线出现转折

$$\left.\frac{\mathrm{d}U(r)}{\mathrm{d}r}\right|_{a}=0\,,\quad -\left.\frac{\mathrm{d}^{2}U(r)}{\mathrm{d}r^{2}}\right|_{a}=E_{\text{bulk}}\cdot\frac{72}{a^{2}} \tag{3.85}$$

根据固体物理结合能理论，要实现晶体体积和密度的变化，需要对晶体施加一定的外力或外压。假设施加的外压为 p，晶体体积为 V，则外压所做的体积功 $p(-\mathrm{d}V)$ 等于增加的内能，则杨氏模量 K 可表示为

$$K=-V\frac{\mathrm{d}p}{\mathrm{d}V}=-V\frac{\partial p}{\partial r}\cdot\frac{\mathrm{d}r}{\mathrm{d}V} \tag{3.86}$$

压强 p 与内能的关系为

$$p=-\frac{\mathrm{d}U(r)}{\mathrm{d}V}=-\frac{\partial U(r)}{\partial r}\cdot\frac{\mathrm{d}r}{\mathrm{d}V} \tag{3.87}$$

结合式(3.86)与式(3.87)可得

$$K=-V\frac{\mathrm{d}p}{\mathrm{d}V}=-V\frac{\partial}{\partial r}\left[-\frac{\partial U(r)}{\partial r}\cdot\frac{\mathrm{d}r}{\mathrm{d}V}\right]\cdot\frac{\mathrm{d}r}{\mathrm{d}V} \tag{3.88}$$

将式(3.85)代入式(3.88)，求导得

$$K=c\cdot\frac{E_{\text{bulk}}}{a^{3}} \tag{3.89}$$

式中，c 为给定比例系数，不随晶粒尺寸的变化而变化。

可以看出，在平衡位置时，材料的体弹性模量与键能成正比，与晶格常数的三次方成反比。在纳米尺度时，材料的晶格会发生一定程度的畸变，且晶格常数也具有尺寸效应，但晶格畸变的程度非常小，因此

$$K=c\cdot\frac{E_{\text{bulk}}}{(a+\Delta a)^{3}}\approx c\cdot\frac{E_{\text{bulk}}}{a^{3}} \tag{3.90}$$

纳米粒子的体积模量可表示为

$$\frac{\Delta K}{K_{\mathrm{b}}}=\frac{\Delta W}{W_{0}}=\frac{\mathrm{CN}}{4}\cdot\frac{r_{0}}{R}\cdot\frac{\rho_{\mathrm{b}}}{\rho_{\mathrm{n}}}\cdot\frac{1}{\eta} \tag{3.91}$$

式(3.91)为纳米粒子体积模量尺寸效应数理模型，可与纳米粒子杨氏模量换算。

2. 杨氏模量尺寸效应数理模型

为进一步探讨杨氏模量的尺寸效应,也可以从德拜温度的角度进行分析(第一性原理计算中，利用晶体弹性矩阵元方法可以获得体系的德拜温度)。

设有一弹簧振子，受到的外力为 F_1，弹簧的劲度系数为 k_1，振子离开平衡位置的距离为 x_1，弹簧平衡时的长度为 L_0、横截面积为 S，则根据应力与应变的关系可得劲度系数与杨氏模量的关系

$$k_1 = \frac{Y \cdot S}{L_0} \tag{3.92}$$

式中，材料的劲度系数与杨氏模量成正比。杨氏模量反映的是材料的本质特性，而劲度系数反映的是材料的宏观弹性特性(与长度和横截面积有关)。

作为一级近似，可以认为原子间的振动为弹簧振子振动，并满足胡克定律

$$F = \frac{\mathrm{d}U(r)}{\mathrm{d}r} = \kappa \cdot x \tag{3.93}$$

式中，κ 为弹簧振子的劲度系数(或弹性系数)；x 为原子离开平衡位置的距离；F 为原子间的结合力。

由以上假设出发可得

$$\kappa = 4\pi^2 m \cdot v_{\mathrm{D}}^2 \tag{3.94}$$

式中，m 为原子质量；v_{D} 为材料的最大波速，它与德拜温度有关。

$$Y \propto \kappa = 4\pi^2 m \cdot v_{\mathrm{D}}^2 \propto \Theta_{\mathrm{D}}^2 \tag{3.95}$$

杨氏模量与德拜温度的具体形式可表示如下，推导过程见文献[161]。

$$Y = \varsigma \cdot \mu \cdot \frac{k^2}{h^2} \cdot \frac{\Theta_{\mathrm{D}}^2}{a} \tag{3.96}$$

式中，μ 为两原子的约化质量；ς 为给定材料的比例常数(对于 FCC 金属、HCP 金属和 BCC 金属分别取值为 0.33、0.42 和 0.38)；k 和 h 分别为玻尔兹曼常量和普朗克常量；a 为晶体平衡常数。因此杨氏模量与平均键能有如下关系：

$$\frac{\Delta Y}{Y_{\mathrm{b}}} = \frac{\Delta W}{W_0} = \frac{\mathrm{CN}}{4} \cdot \frac{r_0}{R} \cdot \frac{\rho_{\mathrm{b}}}{\rho_{\mathrm{n}}} \cdot \frac{1}{\eta} \tag{3.97}$$

式(3.97)为纳米粒子杨氏模量尺寸效应数理模型，可与式(3.91)相互换算。

3.4.3 杨氏模量尺寸效应

由纳米粒子杨氏模量尺寸效应数理模型计算的 Cu 金属纳米粒子杨氏模量与

粒径的关系如图 3.26 所示，实验所得的 Cu 金属纳米粒子杨氏模量[162]列于图中。

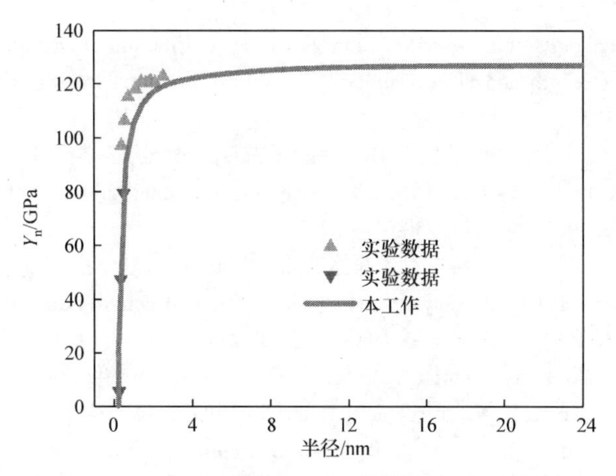

图 3.26　Cu 金属纳米粒子杨氏模量与粒径的关系

实验数据与模型给出的预测曲线吻合得较好。在 2～5 nm 范围时，实验数据点比预测曲线略高，但仍在可接受范围之内。这可能是推导杨氏模量模型时忽略了晶格畸变率尺寸效应的缘故。在 1～2 nm 范围时，实验数据正落于预测曲线之上，这说明模型虽采用近似处理，但仍具有较好的精度。

由纳米粒子杨氏模量尺寸效应数理模型计算得到的 Ag 金属纳米粒子杨氏模量与粒径的关系如图 3.27 所示，实验所得的 Ag 金属纳米材料杨氏模量[162]列于图中。可以看出，拐角处的杨氏模量的实验数据与理论结果较为接近，这说明式(3.97)是符合实际的。

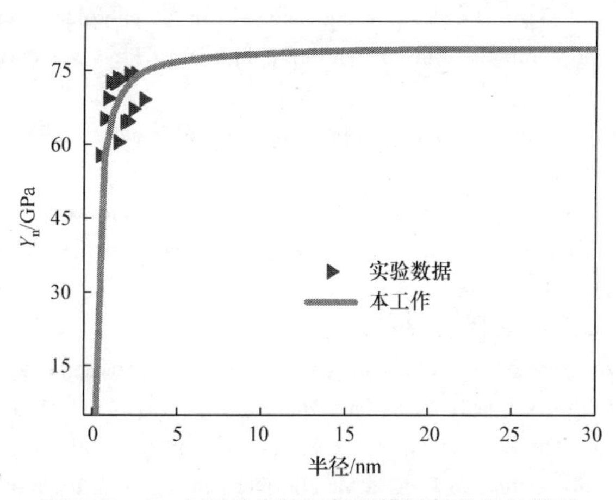

图 3.27　Ag 金属纳米粒子杨氏模量与粒径的关系

参 考 文 献

[1] Gräfe W. A simple quantum mechanical model for the contribution of electronic surface states to surface stress, strength and electrocapillarity of solids[J]. Journal of Materials Science, 2012, 48(5): 2092-2103.

[2] 于溪凤, 胡火生, 刘祥. 纳米超微粉 Bi 的晶格收缩[J]. 东北大学学报, 1998, 19: 1-6.

[3] Solliard C. Structure and strain of the crystalline lattice of small gold and platinum particles[J]. Surface Science, 1981, 106(1-3): 58-63.

[4] 卢柯, 刘学东, 张皓月, 等. 纯镍纳米晶体的晶格膨胀[J]. 金属学报, 1995, 31: 74-78.

[5] Palkar V R, Ayyub P, Chattopadhyay S, et al. Size-induced structural transitions in the Cu-O and Ce-O systems[J]. Physical Review B, 1996, 53: 2167-2170.

[6] Pradhan S K, Chakraborty T, Gupta S P S, et al. X-ray powder profile analyses on nanostructured niobium metal powders[J]. Nanostructured Materials, 1995, 5(1): 53-61.

[7] Borgohain K, Singh J B, Rao M V R, et al. Quantum size effects in CuO nanoparticles[J]. Physical Review B, 2000, 61(16): 11093.

[8] Heinemann K, Poppa H. *In-situ* TEM evidence of lattice expansion of very small supported palladium particles[J]. Surface Science, 1985, 156: 265-274.

[9] Goyhenex C, Henry C R, Urban J. *In-situ* measurements of the lattice parameter of supported palladium clusters[J]. Philosophical Magazine A, 1994, 69: 1073-1084.

[10] Qi W H, Huang B Y, Wang M P. Structure of unsupported small palladium nanoparticles[J]. Nanoscale Research Letters, 2009, 4(3): 269-273.

[11] Hu W Y, Xiao S F, Yang J Y, et al. Inhomogeneous lattice distortion in metallic nanoparticles[J]. Solid State Phenomena, 2007, 121-123: 1045-1048.

[12] 齐卫宏, 汪明朴. 金纳米微粒晶格畸变和结合能的尺寸形状效应[J]. 北京科技大学学报, 2007, 29: 146-150.

[13] Sun C Q, Sun X W, Gong H Q, et al. Frequency shift in the photoluminescence of nanometric SiO_x: Surface bond contraction and oxidation[J]. Journal of Physics Condensed Matter, 1999, 11: 547-550.

[14] Wagner M. Structure and thermodynamic properties of nanocrystalline metals[J]. Physical Review B, 1992, 45(2): 635-639.

[15] Qin W, Nagase T, Umakoshi Y, et al. Relationship between microstrain and lattice parameter change in nanocrystalline materials[J]. Philosophical Magazine Letters, 2008, 88(3): 169-179.

[16] Qin W, Szpunar J A. Origin of lattice strain in nanocrystalline materials[J]. Philosophical Magazine Letters, 2005, 85(12): 649-656.

[17] Rane G K, Welzel U, Meka S R, et al. Non-monotonic lattice parameter variation with crystallite size in nanocrystalline solids[J]. Acta Materialia, 2013, 61(12): 4524-4533.

[18] Yu X F, Hu Z Q, Hu H S, et al. Break-up mechanism of metal droplets generated by an electrohydrodynamic technique[J]. Acta Metallurgica Sinica, 1997, 10: 30-42.

[19] Jiang Q, Liang L H, Zhao D S. Lattice contraction and surface stress of fcc nanocrystals[J]. Journal of Physical Chemistry B, 2001, 105: 6275-6277.

[20] Qi W H, Wang M P, Su Y C. Size effect on the lattice parameters of nanoparticles[J]. Journal of

Materials Science Letters, 2002, 21(11): 877-878.

[21] Huang Z X, Thomson P, Di S L. Lattice contractions of a nanoparticle due to the surface tension: A model of elasticity[J]. Journal of Physics and Chemistry of Solids, 2007, 68(4): 530-535.

[22] Nanda K K, Behera S N, Sahu S N. The lattice contraction of nanometer-sized Sn and Bi particles produced by an electrohydrodynamic technique[J]. Journal of Physics-Condensed Matter, 2001, 13: 2861-2864.

[23] Solliard C, Flueli M. Surface stress and size effect on the lattice parameter in small particles of gold and platinum[J]. Surface Science, 1985, 156: 487-494.

[24] Yu X H, Rong J, Zhan Z L, et al. Effects of grain size and thermodynamic energy on the lattice parameters of metallic nanomaterials[J]. Materials & Design, 2015, 83C: 159-163.

[25] Li J W, Liu X J, Yang L W, et al. Photoluminescence and photoabsorption blueshift of nanostructured ZnO: Skin-depth quantum trapping and electron-phonon coupling[J]. Applied Physics Letters, 2009, 95(3): 031906.

[26] Kiejna A, Peisert J, Scharoch P. Quantum-size effect in thin Al (110) slabs[J]. Surface Science, 1999, 432: 54-60.

[27] Plieth W J. The work function of small metal particles and its relation to electrochemical properties[J]. Surface Science, 1985, 156: 530-535.

[28] Wachowicz E, Kiejna A. Bulk and surface properties of hexagonal-close-packed Be and Mg[J]. Journal of Physics: Condensed Matter, 2001, 13: 10767.

[29] Shim J H, Lee B J, Cho Y W. Thermal stability of unsupported gold nanoparticle: A molecular dynamics study[J]. Surface Science, 2002, 512: 262-268.

[30] Mathur A, Erlebacher J. Size dependence of effective Young's modulus of nanoporous gold[J]. Applied Physics Letters, 2007, 90: 061910.

[31] Ramachandran G N, Wooster W A. Determination of elastic constants from diffuse reflexion of X-rays[J]. Nature, 1949, 164: 839-843.

[32] Wong E W, Sheehan P E, Lieber C M. Nanobeam mechanics: Elasticity, strength, and toughness of nanorods and nanotubes[J]. Science, 1997, 277: 1971-1974.

[33] Sadaiyandi K. Size dependent Debye temperature and mean square displacements of nanocrystalline Au, Ag and Al[J]. Materials Chemistry and Physics, 2009, 115: 703-706.

[34] Pluis B, Frenkel D, Veen J F. Surface-induced melting and freezing Ⅱ. A Semi-empirical Landau-type Model[J]. Surface Science, 1990, 239: 282-300.

[35] Martienssen W, Warlimont H. Springer Handbook of Condensed Matter and Materials Data[M]. Berlin Heidelberg: Springer, 2005.

[36] Wasserman H J, Vermaak J S. On the determination of the surface stress of copper and platinum[J]. Surface Science, 1972, 32(1): 168-174.

[37] Eastman J A, Fitzsimmons M R, Thompson L J. The thermal properties of nanocrystalline Pd from 16 to 300 K[J]. Philosophical Magazine B, 1992, 66(5): 667-696.

[38] Lamber R, Jaeger N, Ekloff G S. Electron microscopy study of the interaction of Ni, Pd and Pt with carbon: Ⅱ. Interaction of palladium with amorphous carbon[J]. Surface Science, 1990, 227(1): 15-23.

[39] 张伟, 秦晓英, 张立德. 纳米颗粒 Ag 的晶格畸变[J]. 科学通报, 1997, 42: 2619-2621.
[40] 彭子飞, 杨小明, 朱震海. 纳米 Ag 粉体的晶格畸变[J]. 太原理工大学学报, 2000, 31(4): 471-473.
[41] 于晓华, 王远, 詹肇麟, 等. 晶格畸变能的尺寸效应[J]. 北京工业大学学报, 2014, 40(6): 928-931.
[42] 来蔚鹏, 薛永强, 庞先勇. 粒度对吸附影响的量子化学研究[J]. 太原理工大学学报, 2005, 36(2): 183-185.
[43] Nanda K K, Sahu S, Behera S, et al. Liquid-drop model for the size-dependent melting of low-dimensional systems[J]. Physical Review A, 2002, 66(1): 10328.
[44] Nanda K K. Bulk cohesive energy and surface tension from the size-dependent evaporation study of nanoparticles[J]. Applied Physics Letters, 2005, 87(2): 021909.
[45] Vinet B, Magnusson L, Fredriksson H, et al. Correlations between surface and interface energies with respect to crystal nucleation[J]. Journal of Colloid and Interface Science, 2002, 255(2): 363-374.
[46] Jiang Q, Zhao D S, Zhao M. Size-dependent interface energy and related interface stress[J]. Acta Materialia, 2001, 49: 3143-3147.
[47] Fang Y, Huang Q J, Wang P J, et al. Adsorption behavior of C_{60} fullerene on golden crystal nanoparticles[J]. Chemical Physics Letters, 2003, 381: 255-261.
[48] 陆海鸣, 孟祥康. 纳米粒子表面吸附的尺寸效应[J]. 分子催化, 2007, 21(S): 293-294.
[49] Gandhi S, Nagalakshmi N, Baskaran I, et al. Synthesis and characterization of nano-sized NiO and its surface catalytic effect on poly(vinyl alcohol)[J]. Journal of Applied Polymer Science, 2010, 118: 1666-1674.
[50] El-Molla S A, Ismail S A, Ibrahim M M, et al. Effects of γ-irradiation and ageing on surface and catalytic properties of nano-sized CuO/MgO system[J]. Journal of Mexican Chemical Society, 2011, 55(3): 154-163.
[51] Shibata T, Bunker B A, Zhang Z Y, et al. Size-dependent spontaneous alloying of Au-Ag nanoparticles[J]. Journal of the American Chemical Society, 2002, 124: 11989-11996.
[52] Fischer F D, Waitz T, Vollath D. On the role of surface energy and surface stress in phase-transforming nanoparticles[J]. Progress in Materials Science, 2008, 53: 481-527.
[53] Pawlow P. Uber die abhängigkeit schmelzpunktes von der oberflaa eines festen körpers[J]. Zeitschrift Fur Physikalische Chemie, 1909, 65: 1-35.
[54] Halperin W P. Quantum size effects in metal particles[J]. Reviews of Modern Physics, 1986, 58(3): 533-607.
[55] 姜俊颖, 黄在银, 李艳芬, 等. 纳米材料热力学的研究现状及展望[J]. 化学进展, 2010, 22(6): 1058-1066.
[56] Hill T L. Perspective: Nanothermodynamics[J]. Nano Letters, 2001, 1(3): 111-112.
[57] Zhang H Z, Chen B, Banfield J F. The size dependence of the surface free energy of titania nanocrystals[J]. Physical Chemistry Chemical Physics, 2009, 11: 2553-2558.
[58] Taherkhani F, Akbarzadeh H, Abroshan H, et al. Dependence of self-diffusion coefficient, surface energy, on size, temperature, and Debye temperature on size for aluminum nanoclusters[J]. Fluid Phase Equilibria, 2012, 335: 26-31.

[59] Masuda S, Sawada S. Molecular dynamics study of size effect on surface tension of metal droplets[J]. The European Physical Journal D, 2011, 61(3): 637-644.
[60] 孙海梅, 闫红. 纳米液滴 Tolman 长度的分子动力学计算[J]. 长治学院学报, 2011, 28(2): 23-26.
[61] Chelikowsky J R. Solid solubilities in divalent alloys[J]. Physical Review B, 1979, 19(19): 686-701.
[62] Alonso J A, Simozar S. Prediction of solid solubility in alloys[J]. Physical Review B, 1980, 22(22): 5583-5589.
[63] Singh V A, Zunger A. Phenomenology of solid solubilities and ion-implantation sites: An orbital-radii approach[J]. Physical Review B, 1982, 25(2): 907-922.
[64] Zhang B, Liao S. Theory of solid solubility for rare earth metal based alloys[J]. Zeitschrift Für Physik B Condensed Matter, 1995, 99(1): 235-243.
[65] Nanda K K, Maisels A, Kruis F E. Surface tension and sintering of free gold nanoparticles[J]. Journal of Chemical Physics C, 2008, 112: 13488-13491.
[66] Perdew J P, Wang Y. Liquid-drop model for crystalline metals: Vacancy-formation, cohesive, and face-dependent surface energies[J]. Physical Review Letters, 1991, 66(4): 508-511.
[67] Lu H M, Jiang Q. Size-dependent surface energies of nanocrystals[J]. Journal of Physical Chemistry B, 2004, 108: 5617-5619.
[68] Ouyang G, Wang C X, Yang G W. Surface energy of nanostructural materials with negative curvature and related size effects[J]. Chemical Reviews, 2009, 109: 4221-4247.
[69] 欧阳钢. 纳米材料与纳米结构的表面与界面以及相关尺度效应[D]. 广州：中山大学, 2007.
[70] Ouyang G, Xin T, Yang G W. Thermodynamic model of the surface energy of nanocrystals[J]. Physical Review B, 2006, 74(19): 195408.
[71] Alymov M I, Shorshorov M K. Surface tension of ultrafine particles[J]. Nanostructured Materials, 1999, 12: 365-368.
[72] Garruchet S, Politano O, Salazar J M, et al. An empirical model for free surface energy of strained solids at different temperature regimes[J]. Applied Surface Science, 2006, 252: 5384-5386.
[73] Xue Y Q, Yang X C, Cui Z X, et al. The effect of microdroplet size on the surface tension and tolman length[J]. Journal of Physical Chemistry B, 2011, 115: 109-112.
[74] 方梅仙, 吴佑实. 金属表面张力的计算模型[J]. 曲阜师范大学学报, 1996, 22(3): 41-46.
[75] 冯平义, 陈念贻. n_{ws}和液态金属表面张力的关系[J]. 自然杂志, 1982, 11: 77-78.
[76] Shandiz M A. Effective coordination number model for the size dependency of physical properties of nanocrystals[J]. Journal of Physics: Condensed Matter, 2008, 20(32): 325237.
[77] 高晟, 温艳珍, 薛永强, 等. 粒度对纳米氧化镁吸附苯的热力学性质影响[J]. 离子交换与吸附, 2013, 29(2): 148-158.
[78] 温艳珍. 纳米材料吸附热力学和动力学的粒度效应[D]. 太原: 太原理工大学, 2015.
[79] Lovell S, Rollinson E. The measurement of superficial density of thin self-supporting metal films by electron transmission[J]. Journal of Physics E, 1968, 1(10): 1031-1035.
[80] Švorčík V, Kolská Z, Luxbacher T, et al. Properties of Au nanolayer sputtered on polyethylene terephthalate [J]. Materials Letters, 2010, 64(5): 611-613.

[81] Rahman I A, Vejayakumaran P, Sipaut C S, et al. Size-dependent physicochemical and optical properties of silica nanoparticles[J]. Materials Chemistry and Physics, 2009, 114(1): 328-332.
[82] Yang C C, Mai Y W. Thermodynamics at the nanoscale: A new approach to the investigation of unique physicochemical properties of nanomaterials[J]. Materials Science and Engineering: R: Reports, 2014, 79: 1-40.
[83] Siegel J, Lyutakov O, Rybka V, et al. Properties of gold nanostructures sputtered on glass[J]. Nanoscale Research Letters, 2011, 6(1): 961-969.
[84] Kolská Z, Říha J, Hnatowicz V, et al. Lattice parameter and expected density of Au nano-structures sputtered on glass[J]. Materials Letters, 2010, 64(10): 1160-1162.
[85] Kolská Z, Švorčík V, Siegel J. Size-dependent density of gold nano-clusters and nano-layers deposited on solid surface[J]. Collection of Czechoslovak Chemical Communications, 2010, 75(5): 517-525.
[86] Opalinska A, Malka I, Dzwolak W, et al. Size-dependent density of zirconia nanoparticles[J]. Beilstein Journal of Nanotechnology, 2015, 6: 27-35.
[87] Safaei A. Size-dependent mass density of nanocrystals[J]. Nano, 2012, 7(2): 1250009.
[88] Nanda K K. Size-dependent density of nanoparticles and nanostructured materials[J]. Physics Letters A, 2012, 376: 3301-3302.
[89] 陈慧敏, 刘恩隆. 纳米颗粒与纳米块材摩尔定压热容的理论计算[J]. 物理学报, 2011, 60: 066501.
[90] Omar M S. Models for mean bonding length, melting point and lattice thermal expansion of nanoparticle materials[J]. Materials Research Bulletin, 2012, 47: 3518-3522.
[91] Abdullah B J, Jiang Q, Omar M S. Effects of size on mass density and its influence on mechanical and thermal properties of ZrO_2 nanoparticles in different structures[J]. Bulletin of Materials Science, 2016, 39(5): 1295-1302.
[92] Huang M C, Rong J, Yu X H, et al. Density-dependence of Debye temperature and melting point at the nanoscale[J]. Ce Ca, 2017, 42(1): 10-13.
[93] Lu L, Sui M L, Lu K. Superplastic extensibility of nanocrystalline copper at room temperature[J]. Science, 2000, 287(5457): 1463-1466.
[94] Gleiter H. Nanocrystalline materials[J]. Progress in Materials Science, 1989, 33: 223-315.
[95] Assadi A. Size dependent forced vibration of nanoplates with consideration of surface effects[J]. Applied Mathematical Modelling, 2013, 37(5): 3575-3588.
[96] 卢柯, 卢磊. 金属纳米材料力学性能的研究进展[J]. 金属学报, 2000, 36(8): 785-789.
[97] 邢冬梅, 李鸿琦, 李林安, 等. 纳米材料杨氏模量及延伸率与微观结构的关系[J]. 天津大学学报, 2000, 33(2): 265-269.
[98] Nieman G W, Weertman J R, Siegel R W. Mechanical behavior of nanocrystalline Cu and Pd[J]. Journal of Materials Research, 1991, 6(5): 1012-1027.
[99] Weller M, Diehl J, Schaefer H E. Shear modulus and internal friction in nanometre-sized polycrystalline palladium[J]. Philosophical Magazine A, 1991, 63(3): 527-533.
[100] Mayo M J, Siegel R W, Liao Y X, et al. Nano indentaion of nanocrystalline ZnO[J]. Journal of Materials Research, 2011, 7(4): 973-979.

[101] Krstic V, Erb U, Palumbo G. Effect of porosity on Young's modulus of nanocrystalline materials[J]. Scripta Metallurgica Et Materialia, 1993, 29(11): 1501-1504.

[102] Sanders P G, Eastman J A, Weertman J R. Elastic and tensile behavior of nanocrystalline copper and palladium[J]. Acta materialia, 1997, 45(10): 4019-4025.

[103] Shen T D, Koch C C, Tsui T Y, et al. On the elastic moduli of nanocrystalline Fe, Cu, Ni, and Cu-Ni alloys prepared by mechanical milling/alloying[J]. Journal of Materials Research, 2011, 10(11): 2892-2896.

[104] 王玲, 张黄莉. 关于金属纳米材料力学性能的几个问题[J]. 材料导报, 2008, 3(3): 12-15.

[105] Champion Y, Langlois C, Mailly S G, et al. Near-perfect elasto plasticity in pure nanocrystalline copper[J]. Science, 2003, 300(5617): 310-311.

[106] 马德军, 刘建敏, 何家文. 材料杨氏模量的纳米压入识别[J]. 中国科学, 2004, 34(5): 493-509.

[107] 杨海波, 胡明, 张伟, 等. 基于纳米压痕法的多孔硅硬度及杨氏模量与微观结构关系研究[J]. 物理学报, 2007, 56(7): 4032-4038.

[108] 王培吉. 纳米材料杨氏模量的测量[J]. 山东建材学院学报, 1997, 11(3): 269-271.

[109] Capolungo L, Cherkaoui M, Qu J. On the elastic-viscoplastic behavior of nanocrystalline materials[J]. International Journal of Plasticity, 2007, 23(4): 561-591.

[110] 邹章雄, 项金钟, 许思勇. Hall-Petch 关系的理论推导及其适用范围讨论[J]. 物理测试, 2012, 30(6): 13-17.

[111] Nieh T G, Wang J G. Hall-Petch relationship in nanocrystalline Ni and Be-B alloys[J]. Intermetallics, 2005, 13(3-4): 377-385.

[112] Fan G J, Choo H, Liaw P K, et al. A model for the inverse Hall-Petch relation of nanocrystalline materials[J]. Materials Science and Engineering: A, 2005, 409(1-2): 243-248.

[113] Aifantis K E, Konstantinidis A A. Hall-Petch revisited at the nanoscale[J]. Materials Science and Engineering: B, 2009, 163(3): 139-144.

[114] Youngdahl C J, Sanders P, Eastman J A, et al. Compressive yield strengths of nanocrystalline Cu and Pd [J]. Scripta Materialia, 1997, 37(6): 809-813.

[115] Jia D, Ramesh K T, Ma E. Failure mode and dynamic behavior of nanophase iron under compression[J]. Scripta Materialia, 2000, 42: 73-78.

[116] Lu L, Wang L B, Ding B Z, et al. High-tensile ductility in nanocrystalline copper[J]. Journal of Materials Research, 2000, 15(2): 270-273.

[117] Zong Z, Lou J, Adewoye O O, et al. Indentation size effects in the nano- and micro-hardness of fcc single crystal metals[J]. Materials Science and Engineering: A, 2006, 413(1-2): 178-187.

[118] Bigerelle M, Mazeran P E, Rachik M. The first indenter-sample contact and the indentation size effect in nano-hardness measurement[J]. Materials Science and Engineering: C, 2007, 27(5-8): 1448-1451.

[119] Tatiraju R V S, Han C S, Nikolov S. Size dependent hardness of polyamide/imide[J]. The Open Mechanics Journal, 2008, 2: 89-92.

[120] Karch J, Birringer R, Gleiter H. Ceramics ductile at low temperature[J]. Nature, 1987, 330: 556-558.

[121] Bohn R, Haubold T, Birringer R, et al. Nanocrystalline intermetallic compounds: An approach to ductility?[J]. Scripta Metallurgica Et Materialia, 1991, 25 (4): 811-816.

[122] Koch C C, Morris D G , Lu K. Ductility of nanostructured materials[J]. MRS Bulletin, 2013, 24(2): 54-58.

[123] Sui M L, Patu S, He Y Z. Influence of interfaces on the mechanical properties in polycrystalline Ni-P alloys with ultrafine grains[J]. Scripta Metallurgica Et Materialia, 1991, 25(7): 1537-1542.

[124] Wang N, Wang Z R, Aust K T, et al. Room temperature creep behavior of nanocrystalline nickel produced by an electrodeposition technique[J]. Materials Science and Engineering A, 1997, 237: 150-158.

[125] Cai B, Kong Q P, Lu L, et al. Interface controlled diffusional creep of nanocrystalline pure copper[J]. Scripta Materialia, 1999, 41: 755-759.

[126] Lu K. Nanocrystalline metals crystallized from amorphous solids: Nanocrystallization, structure, and properties[J]. Materials Science and Engineering: R: Reports, 1996, 16: 161-221.

[127] Wang D L, Kong Q P, Shui J P. Creep of nanocrystalline Ni-P alloy[J]. Scripta Metallurgica Et Materialia, 1994, 31(1): 47-51.

[128] Sanders P G, Rittner M, Kiedaisch E, et al. Creep of nanocrystalline Cu, Pd, and Al-Zr[J]. Nanostructured Materials, 1997, 9: 433-440.

[129] Van Swygenhoven H, Caro A. Molecular dynamics computer simulation of nanophase Ni: Structure and mechanical properties[J]. Nanostructured Materials, 1997, 9(1): 669-672.

[130] Van Swygenhoven H, Caro A. Plastic behavior of nanophase metals studied by molecular dynamics[J]. Physical Review B, 1998, 58: 11246-11252.

[131] Keblinski P, Wolf D, Phillpot S R, et al. Structure of grain boundaries in nanocrystalline palladium by molecular dynamics simulation[J]. Scripta Materialia, 1999, 41: 631-636.

[132] Schiøtz J, Tolla D, Jacobsen K. Softening of nanocrystalline metals at very small grain sizes[J]. Nature, 1998, 391: 561-563.

[133] Kadau K, Germann T C, Lomdahl P S, et al. Molecular-dynamics study of mechanical deformation in nano-crystalline aluminum[J]. Metallurgical Materials Transactions A, 2004, 35(9): 2719-2723.

[134] Schiøtz J, Vegge T, Di Tolla F D, et al. Atomic-scale simulations of the mechanical deformation of nanocrystalline metals[J]. Physical Review B, 1999, 60(17): 11971-11983.

[135] Ma X L, Wang W, Yang W. Simulation for surface selfnanocrystallization under shot peening[J]. Acta Mechanica Sinica, 2003, 19(2): 172-180.

[136] Lu K, Lu J. Surface nanocrystallization (SNC) of metallic materials-presentation of the concept behind a new approach[J]. Journal of Materials Science & Technology, 1999, 15(3): 193-197.

[137] Kelchner C L, Plimpton S J, Hamilton J C. Dislocation nucleation and defect structure during surface indentation[J]. Physical Review B, 1998, 58: 11085-11088.

[138] Belak J, Boercher D B, Stowers I F. Simulation of nanometer-scale deformation of metallic and ceramic surfaces[J]. MRS Bulletin, 1993, 5: 55-60.

[139] Komvopoulos K, Yan W. Molecular dynamics simulation of single and repeated indentation[J]. Journal of Applied Physics, 1997, 82: 4823-4830.

[140] Walsh P, Kalia R K, Nakano A, et al. Amorphization and anisotropic fracture dynamics during nanoindentation of silicon nitride: A multimillion atom molecular dynamics study[J]. Applied Physics Letters, 2000, 77: 4332-4334.

[141] 潘留仙, 焦善庆, 杜小勇. 高温下常用合金材料线胀系数、杨氏模量与温度的关系[J]. 湖南师范大学学报, 2000, 23(2): 48-51.

[142] 王晖, 刘金芳, 何燕, 等. 高压下纳米锗的状态方程与相变[J]. 物理学报, 2007, 56(11): 6511-6525.

[143] 于长丰, 刘代志. 普适性解析势能函数的研究[J]. 西安石油大学学报, 2007, 22(3): 122-126.

[144] Guo J G, Zhou L J, Zhao Y P. Size-dependent elastic modulus and fracture toughness of the nanofilm with surface effects[J]. Surface Review and Letters, 2008, 15(5): 599-603.

[145] Liu X J, Li J W, Zhou Z F, et al. Size-induced elastic stiffening of ZnO nanostructures: Skin-depth energy pinning[J]. Applied Physics Letters, 2009, 94(13): 131902.

[146] Tang Y Z, Zheng Z J, Xia M F, et al. Mechanisms underlying two kinds of surface effects on elastic constants[J]. Acta Mechanica Solida Sinica, 2009, 22(6): 605-621.

[147] 吴绯. Cr , Mo, W 晶体原子间位能函数、线性热膨胀、体弹性模量的计算[J]. 吉林大学自然科学学报, 1990, 2: 51-55.

[148] 郑伟涛, 张瑞林. 贵金属的位能函数理论及体弹性模量的研究[J]. 科学通报, 1989, 15: 1189-1192.

[149] 朱艳花. 纳米多晶金属的弹性和热力学性质研究[D]. 太原: 山西大学, 2016.

[150] 朱湘萍, 刘宏贵, 廖树帜. 金属 Fe 体弹性模量与压强关系的嵌入原子模型研究[J]. 湖南科技学院学报, 2008, 29(12): 20-22.

[151] Sun C Q, Tay B K, Zeng X T, et al. Bond-order-bond-length-bond-strength (bond-OLS) correlation mechanism for the shapeand-size dependence of a nanosolid[J]. Journal of Physics Condensed Matter, 2002, 14: 7781-7795.

[152] 孙伟, 常明, 杨保和. 纳米晶体弹性模量的模拟研究[J]. 应用数学和力学, 1999, 20(5): 1-10.

[153] Ouyang G, Li X L, Tan X, et al. Size-induced strain and stiffness of nanocrystals[J]. Applied Physics Letters, 2006, 89(3): 031904.

[154] Nakano A, Kalia R K, Vashishta P. First sharp diffraction peak and intermediate-range order in amorphous silica: Finite-size effects in molecular dynamics simulations[J]. Journal of Non-Crystalline Solids, 1994, 171(2): 157-163.

[155] Yao H Y, Yun G H, Fan W L. Size effect of the elastic modulus of rectangular nanobeams: Surface elasticity effect[J]. Chinese Physics B, 2013, 22(10): 106201

[156] 刘协权, 倪新华, 刘晶芝, 等. 纳米陶瓷材料弹性模量的尺度效应[J]. 稀有金属材料与工程, 2007, 36(s2): 131-133.

[157] Miller R E, Shenoy V B. Size-dependent elastic properties of nanosized structural elements[J]. Nanotechnology, 2000, 11: 139-147.

[158] Gurtin M E, Murdoch A I. A continuum theory of elastic material surfaces[J]. Archive for

Rational Mechanics & Analysis, 1975, 57(4): 291-323.

[159] Nix W D, Gao H. Indentation size effects in crystalline materials: A law for strain gradient plasticity[J]. Journal of the Mechanics and Physics of Solids, 1998, 46(3): 411-425.

[160] Huang Y, Zhang F, Hwang K, et al. A model of size effects in nano-indentation[J]. Journal of the Mechanics and Physics of Solids, 2006, 54(8): 1668-1686.

[161] 于长丰, 蒋学芳, 成鹏飞, 等. 金属线膨胀系数、德拜温度和杨氏模量之间关联特性[J]. 物理实验, 2012, 32(8): 37-40.

[162] Xiao S F, Hu W Y, Yang J Y. Melting temperature: From nanocrystalline to amorphous phase[J]. The Journal of Chemical Physics, 2006, 125(18): 184504.

第 4 章　纳米晶体材料晶格动力学特性

纳米晶体材料晶体学和力学特性中，假定原子在格点或平衡位置是固定不动的，而实际上晶体中的原子在平衡位置做微小振动。

晶格振动的研究最早是从晶体热力学特性开始的。微观粒子热运动在宏观上的直接表现是比热容,而宏观固体材料热现象在微观上的根本原因是德拜温度(统计热力学中的杜隆-珀蒂定律，量子力学中的爱因斯坦模型和德拜模型)，两者互为表里，互为体用。

纳米晶体材料晶粒尺寸减小，产生大量表面悬空键，引起振动频率变化，导致德拜温度改变。一方面，晶体材料的德拜温度对空位形成能、空位平衡浓度、扩散激活能、扩散系数、熔点、升华热和结合能等特性有影响；另一方面，晶体材料的比热容与内能、熵、焓、吉布斯自由能和亥姆霍兹自由能等特性有关系。本章主要探讨原子在平衡位置运动时的晶格动力学特性，可作为纳米晶体材料晶体学和力学特性的有效补充，纳米晶体材料微观组织热力学的有效铺垫。

4.1　纳米晶体材料晶格振动特性

研究晶体材料的晶格动力学理论，需要了解统计热力学、量子力学和固体物理等方面的知识。更为深入地研究还可以学习玻恩和黄昆的《晶格动力学理论》[1]。

4.1.1　数理模型介绍

1. 实验和模拟研究

纳米晶体材料晶格动力学方面的实验研究起步较早。1937 年，Giauque 等[2]研究了平均粒径为 20 nm 的 MgO 纳米粒子的比热容，发现其比热容高于块体材料 7%左右。Jura 等[3]运用德拜理论分析了 Al 纳米粒子比热容的尺寸效应，认为粒径小于 60 nm 时影响开始显著。程本培等[4-5]利用简谐振子模型，建立了原子结合力与德拜温度的模型，并研究了 TiO_2 纳米粒子的结构稳定性。Novotny 等[6]测量了 Pb 纳米粒子的比热容，发现低温时出现了表面声子低频附加振动模式。张洪亮等[7]研究了纳米 Cu 比热容随密度的变化，认为比热容的变化主要基于缺陷的热振动效应。而赵培玲[8]调查了纯 Cu、Fe 和 Al 纳米晶的比热容，也认为比热容的变化是基于缺陷的热振动。此外，Snow 等[9]探讨了 13 nm 的 α-Fe_2O_3 纳米粒子的比热容，发现粒子表面具有高的比热容。

实验测试和计算机模拟方面，Denlinger 等[10]利用微量热仪测量了纳米薄膜的比热容，而 Revaz 等[11]提出了一种微量热法测量薄膜的新装置，并声称该装置能精确测量纳米薄膜的比热容。Balerna 等[12]利用 X 射线精细吸收谱研究了 Au 纳米团簇的德拜温度和动态特性，并用液滴模型进行了解释，证实液滴模型能够解释比热容的尺寸效应。与此同时，肖时芳[13]和查显弧[14]运用分析型嵌入原子模型和第一性原理，从量子尺度解释了纳米结构的热膨胀、热振动、态密度和原子扩散等特性。模拟结果与实验结果相一致。

2. 数理模型研究

为了更好地解释实验结果，一些晶格动力学的理论模型被建立和提出。本节从德拜温度和均方位移的数理模型出发，推导振动频率、比热容、体积膨胀系数和热膨胀系数的尺寸效应规律。

(1) 德拜温度尺寸效应模型中，较有影响的是 Shi[15]根据林德曼熔化准则[16-17]提出，蒋青等发展的 Shi-Jiang 模型[18]。根据林德曼熔化准则，晶体材料的熔点 T_m 和德拜温度的关系如下：

$$\Theta_D = C \cdot \left(\frac{T_m}{AV^{\frac{2}{3}}}\right)^{\frac{1}{2}} \tag{4.1}$$

式中，A 为分子质量；V 为原子体积；C 为常数，一般取 137。

与 Shi-Jiang 模型类似，Sadaiyandi[19]利用液滴模型和林德曼熔化准则，给出了均方位移和德拜温度的理论模型；Michailov 等[20]和 Kumar 等[21]利用表面原子数，探讨了德拜温度的表面效应；Qi 等[22]使用原子键能模型，建立了金属纳米粒子尺寸相关热力学性质的普适关系，给出了德拜温度的尺寸效应关系。此外，孙长庆等[23-24]根据断键规则(与程本培等的原理类似[4-5])，提出了德拜温度的尺寸效应理论。

(2) 在德拜温度尺寸效应模型的基础上，结合林德曼熔化准则，可以给出原子均方位移 σ [18]和拉曼位移 ω 的理论模型[25]：

$$\frac{\sigma_n^2}{\sigma_b^2} = \frac{\Theta_{D,n}^2}{\Theta_{D,b}^2}, \quad \frac{1/\sigma_n - 1/\sigma_b}{1/\sigma_b - 1/\sigma_{r_{min}}} = \frac{\omega_n - \omega_b}{\omega_b - \omega_{r_{min}}} \tag{4.2}$$

式中，$\omega_{r_{min}}$ 为截止频率，下标 r_{min} 为能形成晶粒的最小粒径。

(3) 由于德拜温度与比热容有关[26]，使用德拜温度与晶粒尺寸的关联，完全可以求解比热容的函数关系。例如，Baltes 等[27]假设球形纳米粒子满足自由边界条件，计算了声子的标量波方程，得到了声子振动所满足的色散关系，解释了 Novotny 等[6]的实验结果。Lautehschläger[28]和 Comsa 等[29]在 Baltes 的基础上又进一步研究了 Pb 和 Pd 纳米粒子比热容的尺寸效应。此外，为了解决色散关系的复杂计算，Zhang 等[30]用爱因斯坦模型和德拜温度解释了 Ag 和金红石纳米粒子的比热容。

根据德拜温度与比热容的关系：

$$C_V = 9R\left(\frac{T}{\Theta_{\mathrm{D,n}}}\right)^3 \int_0^{\Theta_{\mathrm{D}}/T} \frac{\xi^4 \mathrm{e}^{\xi}}{(\mathrm{e}^{\xi}-1)^2} \mathrm{d}\xi \tag{4.3}$$

$$\xi = h\nu / kT$$

式中，k 为玻尔兹曼常量；h 为普朗克常量；T 为热力学温度；ν 为振动频率。式(4.3)中只有德拜温度是唯一的变量，因此等压热容可积分求解。

作为粗略计算，可以认为纳米晶体材料的等压热容的倒数与熔点成正比[31]：

$$\frac{C_{p,\mathrm{n}}(T)}{C_{p,\mathrm{b}}(T)} = \frac{T_{\mathrm{m,n}}}{T_{\mathrm{m,b}}} \tag{4.4}$$

而对于等压热容 C_p 和等容热容 C_V，还可根据下式换算[22]：

$$\frac{C_p - C_V}{C_V} = \frac{3RA_0T}{T_{\mathrm{m}}} \tag{4.5}$$

式中，A_0 为常数；T 为热力学温度。

(4) 根据体膨胀系数与德拜温度的关系[22]

$$\alpha_{\mathrm{v}} \propto 1/\Theta_{\mathrm{D}}^2 \tag{4.6}$$

可以获得纳米晶体材料体膨胀系数的表达式

$$\frac{\alpha_{\mathrm{v,b}}}{\alpha_{\mathrm{v,n}}} = \frac{\Theta_{\mathrm{D,n}}^2}{\Theta_{\mathrm{D,b}}^2} \tag{4.7}$$

(5) 晶体材料的热膨胀系数是另一重要的晶格动力学参数，它直接关系到材料的实际应用。两个紧密接触的材料(如纳米复合薄膜和纳米结构材料)，如果热膨胀系数差别太大，在热循环的过程中会产生残余应力，萌生裂纹破裂[32]。

类似地，不同温度下纳米晶体材料的热膨胀系数可表示为[33]

$$\frac{\alpha_{\mathrm{v,b}}}{\alpha_{\mathrm{v,n}}} = \frac{T_{\mathrm{n}}}{T_{\mathrm{b}}} \tag{4.8}$$

4.1.2　晶格振动参数尺寸效应数理模型

比热容和德拜温度是晶体材料的重要物理量，它们在理论和工程实际上都有着广泛的应用。

1. 晶体比热容定义

比热容的提出最早始于 18 世纪。当时的物理学家兼化学家布雷克及其学生尔湾在研究热量时发现，质量相同的不同物质上升到相同温度所需的热量不同，而提出了比热容的概念。他们发现几乎任何物质皆可测量比热容，如化学元素、化合物、合金、溶液/溶体以及复合材料等。

根据热容定义，晶体材料的等容热容 C_V 可以表示为

$$C_V = \left(\frac{\partial \bar{E}}{\partial T}\right)_V \tag{4.9}$$

式中，$\bar{E}$ 为晶体材料的平均内能。

一般，晶体材料的热容可以分为两部分：晶格热容，也称声子热容，由晶格振动产生；电子热容，由电子运动产生。电子热容对晶体材料热容的贡献很小，在计算时可以忽略不计。

2. 平均内能

(1)统计热力学认为，晶体材料的热容可以用杜隆-珀蒂定律(能量均分定律)计算。

每一个简谐振动的平均能量为 kT(k 为玻尔兹曼常量)，其中动能为 $kT/2$，势能为 $kT/2$。如果晶体材料中有 N 个原子(3N 个自由度)，则平均内能为 $\bar{E} = 3N\cdot kT$，热容为 $C_V = 3N\cdot k$。更为详细的推导可以参考王竹溪的《统计物理学导论》和西泽泰二的《微观组织热力学》。

杜隆-珀蒂定律在高温时符合得较好，低温下因经典统计力学的均分定律失效而不再适用。

(2)爱因斯坦和德拜根据晶格振动的量子理论，提出了相应的爱因斯坦模型(爱因斯坦温度)和德拜模型(德拜温度)。

如果晶体材料中有 N 个原子(3N 个自由度，3N 个频率)，则平均内能为

$$\bar{E} = \sum_{i=1}^{3N} \bar{E}(\nu_i) = \sum_{i=1}^{3N} \frac{h\nu_i}{e^{h\nu_i/kT} - 1} \tag{4.10}$$

式中，h 为狄拉克常量；ν_i 为格波振动频率。

假设存在最大频率 ν_D，对频率进行积分可得

$$\int_0^{\nu_D} g(\nu)\mathrm{d}\nu = 3N \tag{4.11}$$

因此，式(4.11)可改写为

$$\bar{E}=\int_0^{\nu_{\mathrm{D}}}\frac{h\nu_i}{\mathrm{e}^{h\nu_i/kT}-1}g(\nu)\mathrm{d}\nu \tag{4.12}$$

于是，式(4.12)的关键变成求解 $g(\nu)\mathrm{d}\nu$。在这个问题上，爱因斯坦和德拜的假设不同，最终得到的结果也不同。其中德拜理论的吻合度更高。

3. 德拜模型

德拜模型假设原子态密度为

$$g(\nu)=\frac{V\cdot\nu^2}{2\pi^2\cdot\nu_{\mathrm{p}}^3} \tag{4.13}$$

式中，V 为晶体体积；ν_{p} 为声速；ν为波速。因此，晶体材料的平均内能为

$$\bar{E}=\frac{3V}{2\pi^2\cdot\nu_{\mathrm{p}}^3}\int_0^{\nu_{\mathrm{D}}}\frac{h\cdot\nu^3\mathrm{d}\nu}{\mathrm{e}^{h\nu/kT}-1} \tag{4.14}$$

总的声速等于横波 ν_t 加上纵波 ν_l($1/\nu_{\mathrm{p}}=1/\nu_l+2/\nu_t$)，即

$$\nu_{\mathrm{D}}=(6\pi^2\cdot\frac{N}{V})^{\frac{1}{3}}\cdot\nu_{\mathrm{p}},\ \Theta_{\mathrm{D}}=\frac{h\nu_{\mathrm{D}}}{k}=\frac{h}{k}\cdot(6\pi^2\cdot\frac{N}{V})^{\frac{1}{3}}\cdot\nu_{\mathrm{p}} \tag{4.15}$$

式中，振动频率与固态扩散和相变密切相关。

根据式(2.50)～式(2.52)，在不考虑晶格畸变的情况下，纳米晶体材料的德拜温度的二次方与平均内能成正比，故

$$\frac{\Delta\Theta_{\mathrm{D,n}}^2}{\Theta_{\mathrm{D,b}}^2}=\frac{\Delta E}{E_{\mathrm{b}}}=\frac{\mathrm{CN}}{4}\cdot\frac{r_0}{R}\cdot\frac{\rho_{\mathrm{b}}}{\rho_{\mathrm{n}}}\cdot\frac{1}{\eta} \tag{4.16}$$

式(4.16)为纳米粒子德拜温度尺寸效应数理模型。

根据式(4.2)～式(4.4)、式(4.7)、式(4.8)和式(4.15)分别可以建立均方位移、比热容、体膨胀系数、热膨胀系数和振动频率尺寸效应数理模型。

4.1.3　德拜温度尺寸效应

由纳米粒子德拜温度尺寸效应数理模型计算得到的 Au、Ag、Al 和 Co 金属纳米粒子德拜温度(计算参数见表 3.2)与粒径的关系如图 4.1 所示，各金属纳米粒子德拜温度的实验数据、理论计算值和模拟数据列于图中。可以看出，模型给出的理论预测值与实验数据、理论计算值和模拟数据有较好的吻合度。

Au 金属纳米粒子的实验数据[12,22]和计算值[19]在 3～6 nm 范围内波动较大，但都与式(4.16)的预测值吻合。Ag 和 Al 金属纳米粒子在 2～18 nm 范围内，都与计算值[19]吻合较好，Co 金属纳米粒子在 3 nm 左右，模拟值[34]偏离了预测值，但仍在误差允许范围内。

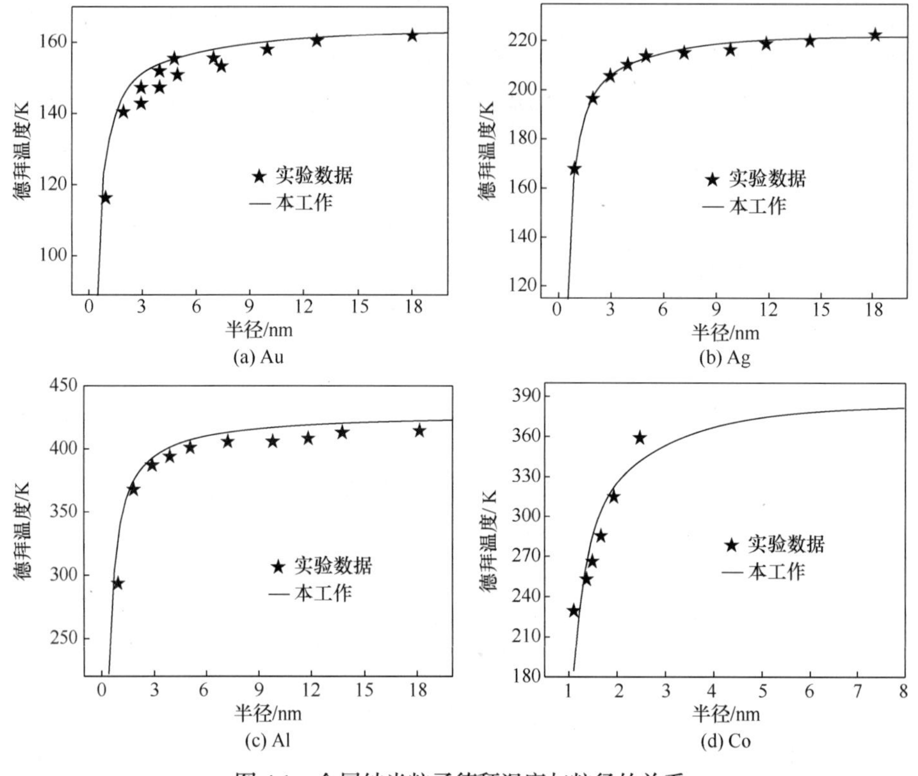

图 4.1　金属纳米粒子德拜温度与粒径的关系

综上，模型能够较好地预测各种纳米粒子德拜温度的尺寸效应，具有较好的准确性。可以预计准确的德拜温度尺寸效应模型，可以较好地计算和预测均方位移、比热容、体膨胀系数、热膨胀系数和振动频率的尺寸效应。

4.1.4　比热容尺寸效应

由纳米粒子比热容尺寸效应数理模型计算得到的 Ag 和 Ru 金属纳米晶体材料比热容(计算参数见表 3.2)与粒径的关系如图 4.2 所示，Ag 金属纳米晶体材料比热容的分子动力学模拟值[35]和 Ru 金属纳米晶体材料比热容的实验值[36]列于图中。

粒径对纳米粒子比热容的影响不大，利用式(4.14)可以近似求解纳米粒子比热容的尺寸效应。粒径小于 5 nm 时，比热容急剧上升，但与块体材料的比热容相比只增加了 10%。这是因为表面悬空键增加，原子键长缩短，键强增加，表面原子的振动模式发生了变化。粒径大于 5 nm 时，变化较为平缓，且较粒径小于 5 nm 时的理论值吻合更好。这可能是近似忽略晶格畸变的原因。

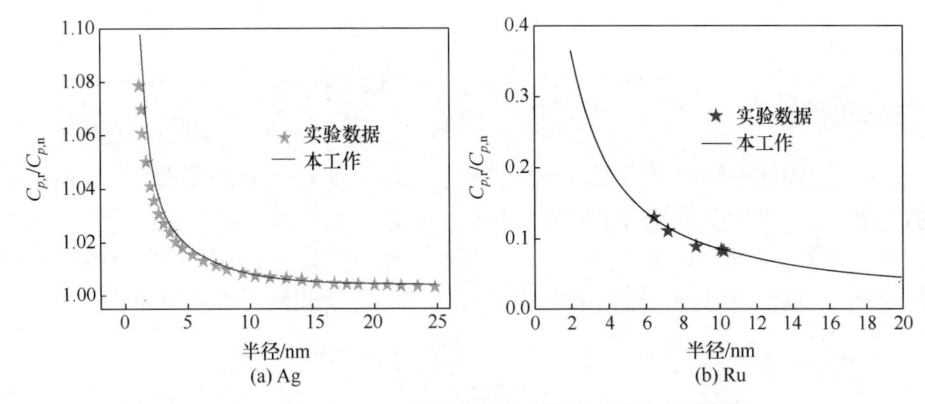

(a) Ag　(b) Ru

图 4.2　Ag 和 Ru 金属纳米粒子比热容与粒径的关系

4.1.5　热膨胀系数尺寸效应

由纳米粒子热膨胀系数尺寸效应数理模型计算得到的 Cu 和 Fe 金属纳米粒子热膨胀系数(计算参数见表 3.2)与粒径的关系如图 4.3 所示，Cu 金属纳米粒子热膨胀系数实验结果[37]和 Fe 金属纳米粒子热膨胀系数的计算机模拟值[38]列于图中。

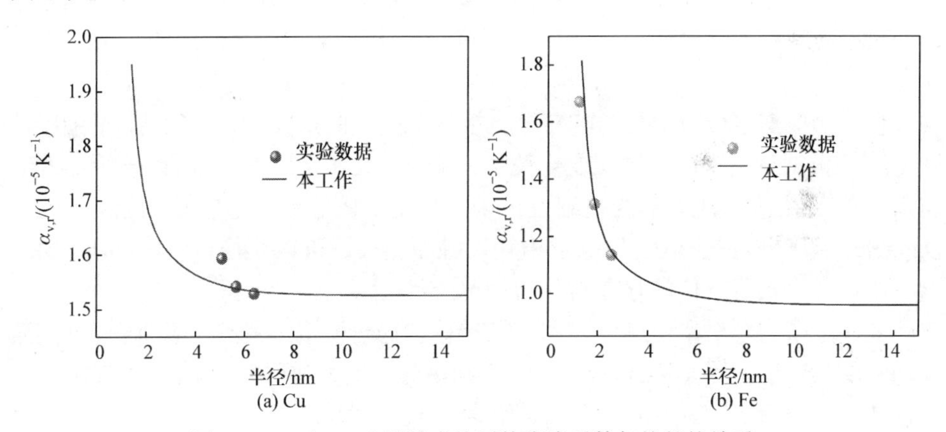

(a) Cu　(b) Fe

图 4.3　Cu 和 Fe 金属纳米粒子热膨胀系数与粒径的关系

粒径小于 4 nm 时，热膨胀系数急剧上升。Fe 金属纳米粒子的热膨胀系数与实验值基本吻合。4～6 nm 时，热膨胀系数变化缓慢，Cu 金属纳米粒子的热膨胀系数与计算机模拟值接近。因为纳米晶体材料表层原子悬空键的比例逐渐增大，表面键长缩短，因此在热循环作用下，界面处原子更容易发生热应力残留，产生残余应力。

4.2　纳米晶体材料空位特性

空位是固体材料中最常见的平衡缺陷，且不可能被完全消除[39]。空位对材料的物理性质、化学性质和力学性质都有巨大影响，如扩散[40]、杨氏模量[41]、表面能[42]、热膨胀系数[43]、比热容[43]、晶体体积[44-45]、电导率[46-47]和光吸收效率[48]等。研究空位形成机理、浓度和分布方式，对提高材料的性能有重要作用[49-50]。

4.2.1　数理模型介绍

1. 实验和模拟研究

纳米晶体材料空位的实验分析分为间接法和直接法两种。

间接法通过空位对材料的物理、化学、力学及电学特性的影响规律，间接推断出空位浓度和分布[51]。例如，吴长钧等[52]探讨了镍基合金的空位形成能与电阻的关系。孙浩亮等[53]采用四探针测试仪研究了 W 纳米薄膜的电阻率，并发现 W 纳米薄膜的电阻率随着晶粒尺寸的减小而增加。张翠玲等[54]研究了离子的扩散激活能随温度、晶粒和表面张力的变化规律，并指出离子的扩散激活能随着晶粒粒径的减小而减小。其中粒径小于 20 nm 时，变化显著；粒径大于 100 nm 时，变化微小。

直接法根据空位对信号的响应，直接获取空位的浓度和分布信息。例如，钱开鲁等[55]根据空位浓度与体积变化关系，测定了 Cd 金属淬火后的空位形成能。赵新春等[56]在衍射动力学的基础上，采用散射矩阵法研究了空位的衍射强度。Dannefaer 等[57]根据正电子与电子相互接触而湮灭，可以获得材料内部电子密度这一原理，分析了空位的存在与分布情况。

利用量子力学对空位形成能和扩散迁移能进行模拟，关键在于原子之间相互作用势能的选取。例如，Kitashima 等[58]利用分子动力学研究了 GaAs 材料的空位形成能。于晓华等[59]利用第一性原理计算了纯 Fe 表面机械研磨处理后，空位浓度对亥姆霍兹自由能、声子内能、熵和等容热容等表面热力学特性的影响机理，以及 Ti 原子扩散特性影响机制。

2. 数理模型研究

表征空位特性的重要指标为空位形成能。胡望宇等[60]改进了 Brooks[61]和 Igarashi 等[62]的模型，提出一个杨氏模量的空位形成能模型，认为空位的形成将产生弹性应变能。而张喜燕等引入形状因子，发展了胡望宇的模型[63]。

此外，汪永江[64]根据表面热力学建立了空位形成能的键能模型，并认为空位形成能、扩散激活能与原子键能成正比。这一结论也被 Brown 等所证实[65]。与汪永江模型类似的还有刘正等[66]提出的利用键能模型分析碱金属的空位形成能。Magomedov[67]在汪永江和于晓华等的键能模型基础上，研究了德拜温度和空位形成能、空位迁移能的关系，发现德拜温度和空位形成能、空位迁移能成正比。汪永江的理论新颖独到，简化了空位形成的计算，揭示了空位形成能的本质——空位形成能是键能的另一种表现形式[68-70]。

4.2.2　空位形成能尺寸效应数理模型

1. 空位形成能与原子键能的关系

与纳米粒子尺寸效应物理模型类似，假设从理想晶体内部的某一格点处取出一个原子，该热力学过程需要克服格点处原子与周围原子的键能，并最终产生一定的表面积，增加系统的吉布斯自由能。令形成的空位为球形，半径为 R_1，则空位形成能 E_v 可表示为[71-72]

$$E_\mathrm{v} = \gamma \cdot 4\pi R_1^2 \tag{4.17}$$

式中，γ 为表面张力[64]。空位形成能模型可以加深理解晶体材料的尺寸效应，作者在最初的研究工作中受该模型的启发较大。

由于固体原子之间的键能是短程的,对结合有贡献的只有几个最近邻的原子。据此过程变化前后质量不变，由径向密度可得

$$\frac{4}{3}\pi R_1^3 \cdot \rho_x = \frac{4}{3}\pi R_0^3 \cdot \rho_0 \tag{4.18}$$

即

$$R_1 = R_0 \cdot \left(\frac{\rho_0}{\rho_x}\right)^{\frac{1}{3}} \tag{4.19}$$

式中，ρ_x 为形成空位后，格点到最近邻第一层原子(最近邻的原子数决定了该原子的配位数与晶体结构类型)的平均密度；ρ_0 为原晶体中一个原子半径范围内的平均密度；R_0 为原子半径。

根据表面张力的定义和式(3.38)，可得

$$E_\mathrm{v} = \frac{Z_\mathrm{S} \cdot N}{2} \cdot 4\pi R_0^2 \cdot \left(\frac{\rho_0}{\rho_x}\right)^{\frac{2}{3}} \cdot E_\mathrm{atom} \tag{4.20}$$

以立方结构(100)面为例。已知立方结构的配位数 N=6，变化数 Z_S=1，平均原子数 $N=1/a^2$，原子半径 $R_0=a/2$，则空位形成能为

$$E_{\mathrm{v}}=-\pi\cdot(\frac{\rho_0}{\rho_x})^{\frac{2}{3}}\cdot E_{\mathrm{atom}} \tag{4.21}$$

常见金属的原子键能与空位形成能关系如表 4.1 和图 4.4、图 4.5 所示。

表 4.1　原子键能与空位形成能实验数据

结构	元素	$E_{\mathrm{atom}}/(\mathrm{kJ\cdot mol^{-1}})$	E_{v}/eV	结构	元素	$E_{\mathrm{atom}}/(\mathrm{kJ\cdot mol^{-1}})$	E_{v}/eV
FCC	Pb	196.7	0.51	BCC	Cr	395.4	1
FCC	Ag	285.8	0.71	BCC	V	510.4	1.32
FCC	Al	321.7	0.84	BCC	Zr	609.6	1.53
FCC	Au	366.5	0.98	BCC	Mo	657.3	1.54
FCC	Fe	415.9	1.03	BCC	Ta	781.2	2
FCC	Co	425.5	1.1	BCC	W	835.5	2.2
FCC	Pt	564	1.4	HCP	Cd	112.1	0.29
BCC	Rb	84.5	0.22	HCP	Zn	129.7	0.31
BCC	K	90.8	0.23	HCP	Mg	147.7	0.39
BCC	Na	108.8	0.28	HCP	Be	321.7	0.86
BCC	Li	159.8	0.38	HCP	Ti	489.4	1.21

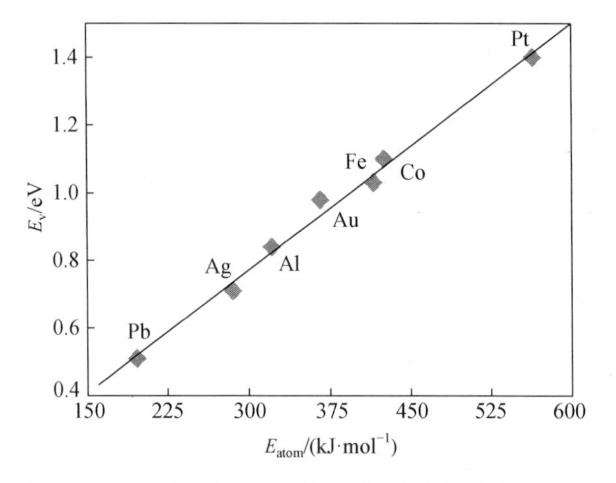

图 4.4　FCC 结构金属的空位形成能与金属键能的关系

图 4.4 为常见 FCC 结构金属的空位形成能与其对应金属键能的关系。图中横坐标为金属键能 E_{atom}，单位为 $\mathrm{kJ\cdot mol^{-1}}$；纵坐标为空位形成能 E_{v}，单位为 eV。在误差范围内，图中所列的 FCC 结构金属，其键能与空位形成能呈现出良好的线性关系。金属键能变大时，其空位形成能也相应增大。若将空位形成能的单位 eV 换算为 $\mathrm{kJ\cdot mol^{-1}}$，则斜率 3.8 与模型中的数量级吻合[$k=-\pi\cdot(\rho_0/\rho_x)^{2/3}$]。

图 4.5 为常见 BCC 结构金属的空位形成能[图 4.5(a)]和 HCP 结构金属的空位

形成能[图 4.5(b)]，与其对应金属键能的关系。图中，实验数据与理论预测值吻合，比例系数与 FCC 金属基本相同，都为 3.8。

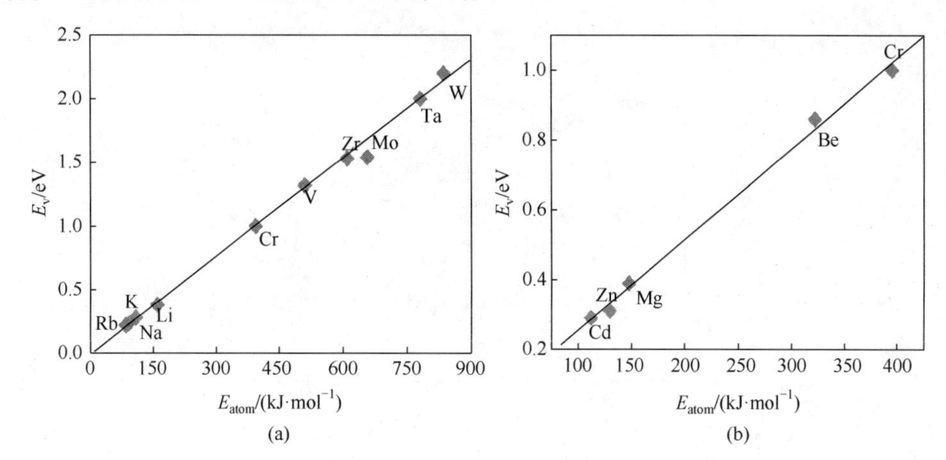

图 4.5　BCC 结构(a)和 HCP 结构(b)金属的空位形成能与金属键能的关系

综上，对于 FCC、BCC 和 HCP 结构，其空位形成能与键能有深层次的联系。温度升高时，由于键能被破坏，空位形成能将降低，空位浓度也将升高。

2. 空位形成能尺寸效应数理模型

根据纳米粒子尺寸效应物理模型，纳米粒子的空位形成能 $E_{v,n}$ 可以根据能量表示为

$$\frac{\Delta E_{v,n}}{E_{v,b}}=\frac{\Delta W}{W_0}=\frac{\mathrm{CN}}{4}\cdot\frac{r_0}{R}\cdot\frac{\rho_b}{\rho_n}\cdot\frac{1}{\eta} \tag{4.22}$$

式(4.22)为纳米粒子空位形成能尺寸效应数理模型。

3. 表面空位形成能尺寸效应数理模型

相比于块体材料，纳米晶体材料具有极大的比表面积。表面上的原子失去了配位原子，导致键长收缩，晶格畸变。因此，纳米晶体材料的表层和近表层原子能量更高。纳米晶体材料表面空位形成能 $E_{s,n}$ 可以根据键能收缩系数 ζ 改写为

$$\frac{\Delta E_{s,n}}{E_{v,b}}=\frac{\Delta W}{W_0}=\zeta\cdot\frac{\mathrm{CN}}{4}\cdot\frac{r_0}{R}\cdot\frac{\rho_b}{\rho_n}\cdot\frac{1}{\eta} \tag{4.23}$$

式(4.23)为纳米粒子表面空位形成能尺寸效应数理模型。

4.2.3　空位形成能尺寸效应

由纳米粒子空位形成能尺寸效应数理模型(相关计算参数见图 4.6)计算得到的 Au 金属纳米粒子空位形成能与粒径的关系如图 4.6 所示。分子动力学模拟

结果[73]和计算结果[74]列于图中。

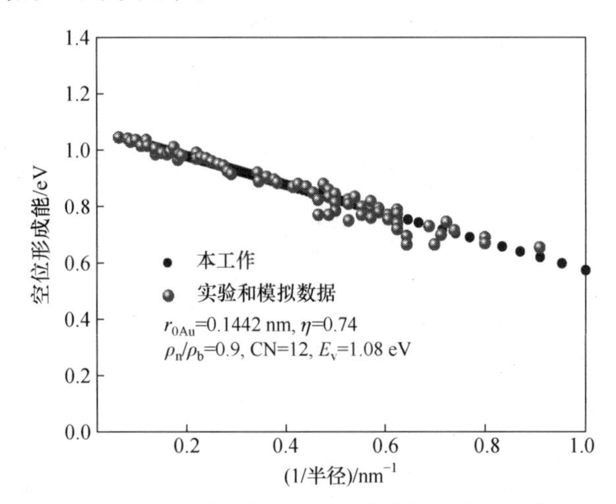

图 4.6　Au 金属纳米粒子空位形成能与粒径的关系

图中分子动力学模拟结果和计算结果都与理论值吻合较好，说明空位形成的本质是键能的变化，使用键能计算空位形成能的尺寸效应是可行的。当半径小于 15 nm 时，尺寸效应非常明显；当半径大于 30 nm 时，尺寸的影响不明显。

Au、Ag、Cu 和 Ni 纳米粒子的(111)晶面的表面空位形成能如图 4.7 所示[75]。由于表面原子配位数与体材料不同，因此表面原子的空位形成能低于内部原子。FCC 结构的原子配位数为 12，而从(111)晶面取出一个原子，断裂的原子键数为 3，因此断裂的键能为 $0.25E_m$。图中，Au、Ag、Cu 和 Ni 纳米粒子的(111)晶面的表面空位形成能与体积空位形成能的比值接近 0.25，预示着理论可以估计表面空位形成能的数值。此外，表面空位形成能的斜率为 0.1，约为纳米粒子空位形成能的 1/5，这是因为纳米粒子的配位数 CN 为 3。

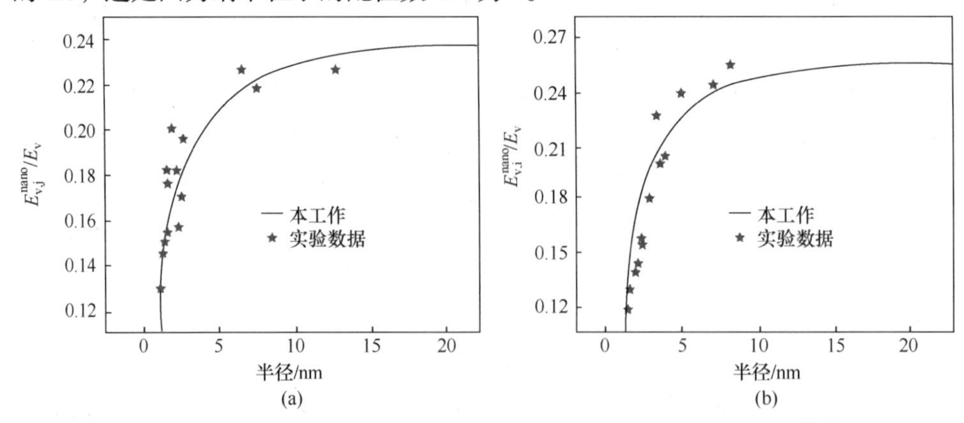

图 4.7　Au(a)、Ag(b)、Cu(c)和 Ni(d)纳米粒子的(111)晶面的表面空位形成能

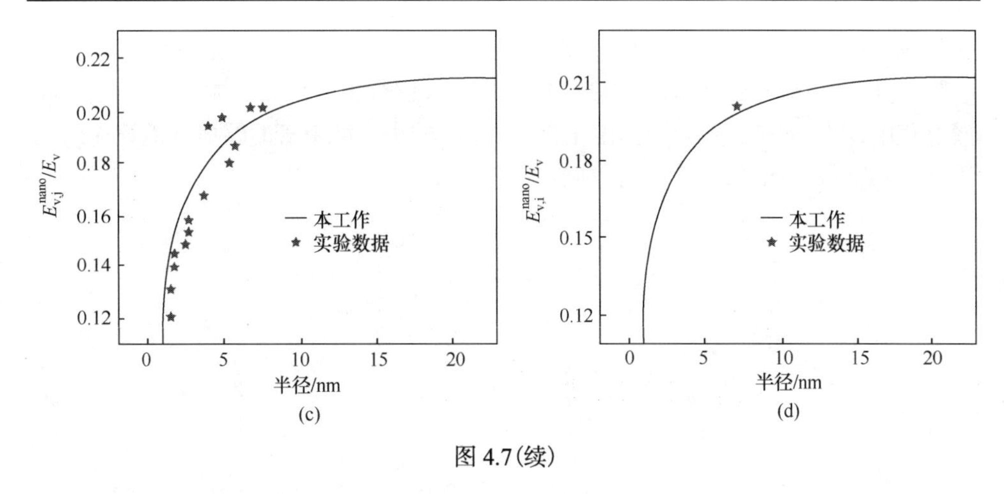

图 4.7(续)

利用表面空位形成能的尺寸效应，可以解释各种表面现象，建立各种纳米晶体材料第一性原理模型。

4.2.4　空位浓度尺寸效应数理模型

利用玻尔兹曼分布律，空位平衡浓度可改写为

$$C = \exp(-\frac{\Delta G}{RT}) \tag{4.24}$$

式中，C 为空位平衡浓度；ΔG 为形成 n 个平衡空位时系统吉布斯自由能的变化；R 为摩尔气体常量；T 为热力学温度。因此

$$C = A\exp(-\frac{E_{v,n}}{kT}) \tag{4.25}$$

式(4.25)为纳米粒子空位浓度尺寸效应数理模型。

4.2.5　空位浓度尺寸效应

空位浓度对材料的各种特性影响巨大。图 4.8 为原子层沉积法制备的锐钛矿 TiO_2 纳米管表面空位浓度和首次比容量的尺寸效应[76]。本实例为空位浓度尺寸效应数理模型在锂电池纳米晶体材料结构设计方面的应用。可以发现，锐钛矿 TiO_2 纳米管的首次比容量与管厚呈指数关系，与空位浓度的变化规律相同。管厚为 40 nm 时，首次比容量为 270 mA · h · g^{-1}；管厚为 2 nm 时，首次比容量高达 1700 mA · h · g^{-1}，两者相差 6.3 倍。

可以判断，锂离子首次嵌入锐钛矿 TiO_2 纳米管负极材料的过程可能分为三步：①锂离子吸附到纳米管的表面空位(悬空键)上；②锂离子将快速填充到纳米管的晶体空位和八面体间隙位置；③锂离子吸附过程中，将与电解液中的 H_2O 反

应生成 LiOH(SEI 膜)，发生电荷转移(表面容量)，不再吸附第二层原子(Langmuir 吸附)。因此，利用表面空位浓度可以解释首次比容量的尺寸效应。后续嵌入/脱嵌过程中，由于 SEI 膜的良好阻挡作用，管厚较小的纳米管能够更好地填充八面体间隙和空位，比容量和倍率性能也更好。

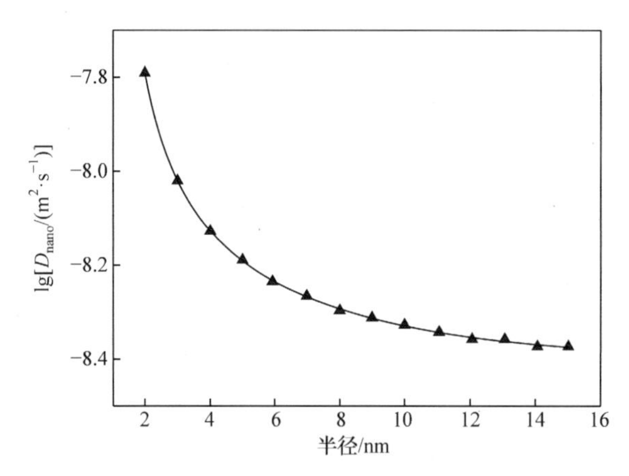

图 4.8　锐钛矿 TiO_2 纳米管表面空位浓度和首次比容量的尺寸效应

4.3　纳米晶体材料扩散特性

扩散是固体材料物质输运的唯一方式[77-78]，它一直是材料科学与工程学科的研究重点[79-80]。

固体材料的宏观扩散方式有三种：晶粒内部扩散，也称晶格扩散和体扩散，这种方式的扩散激活能最大；晶界(或位错)扩散和表面扩散，这两种扩散方式也称短程扩散，其中晶界扩散的扩散激活能比体扩散小，而表面扩散的扩散激活能又比晶界扩散小。通常情况下，金属的体扩散占主导地位，晶界(晶界一般只有 3 个原子层厚，占整个材料的比重较小)和表面扩散只占 10^{-6}。

固体材料的微观扩散机制也有三种：换位机制、间隙机制和空位机制。由于金属材料的原子半径相对较大，其扩散机制主要以空位扩散为主，间隙扩散为辅。

4.3.1　数理模型介绍

1. 实验和模拟研究

近年来，一些实验研究发现纳米晶体材料的扩散速率比相应的块体要高得多，且认为经典的菲克定律无法合理解释[81-84]。这些研究中，最有代表性的是卢柯等[85]在 *Science* 上发表的文章 *Nitriding Iron at Lower Temperatures*，研究了 Fe 基体的表面纳米化对低温渗氮的影响。解释为纳米晶体材料中有很多高能量的界面，数量巨大的三叉晶界，非常低的界面原子密度，大量的空位缺陷，这些高能量界面/表面给原子的扩散提供了快速的通道。

也有少量文献指出，纳米晶体材料的扩散速率和相应的块体材料相当。例如，Fujita 等[86]研究了超细晶铝镁合金的扩散特性，Herth 等[87]探讨了纳米晶 Fe 和富铁合金中的自扩散，都发现纳米晶体材料的扩散速率变化不大。

计算机模拟方面的研究主要集中在分子动力学领域，少量的研究分散于第一性原理计算和分子静力学模拟。例如，王玉仓等[88]利用分子动力学计算了 Cu(100) 表面的空位扩散，结果表明处于表面层附近的空位容易向上一层迁移直至迁移到表面。欧阳义芳等[89]利用嵌入原子法（EAM）计算了碱金属的自扩散激活能，认为计算的空位迁移能和迁移激活能同已有的实验结果基本相符。陈达[90]是较早采用分子静力学模拟纳米晶体材料在不同模型下的扩散激活能、扩散系数和扩散频率的学者。模拟发现，纳米晶体材料的扩散方式为晶界处空位和高能表面的复合型扩散模式。

2. 数理模型研究

根据动力学理论和微观扩散机制，可将纳米晶体材料扩散激活能和扩散系数的尺寸效应理论分为两类。

(1) 宏观动力学理论：根据德拜温度、空位形成能、空位迁移能、扩散激活能和熔点的关系，宏观上推导出纳米晶体材料扩散激活能的尺寸效应模型。

(2) 微观扩散理论：根据原子振动频率，从微观机制上推导出纳米晶体材料扩散激活能的尺寸效应模型。

例如，Philibert 等发现[91]，薄膜厚度减小到体系浓度波长（正弦分布）的 1/10 时，传统的菲克扩散定律和 Cahn 的广义扩散方程都不能再予以准确描述。雷明凯等[92-93]在 Martin 的非线性动力学离散方程的基础上，参考亚点阵理论，进一步提出了纳米薄膜的扩散理论。上述理论主要针对的对象是纳米薄膜体系，对纳米晶体材料的扩散机制未作深入解释。

金属熔化判据中，有一个比较著名的缺陷浓度判据：金属材料随着温度的不断升高，其内部平衡缺陷的数量也会急剧增加。当增加到一定程度时（一般为 10% 左右[94-95]），金属开始熔化。蒋青和张思华等[96-97]基于林德曼熔化准则，将熔化理论应用到扩散中，解释了纳米晶体材料扩散激活能的尺寸效应。

$$Q_n/Q_b=\left(1-\frac{1}{r/r_0-1}\right)\exp\left(-\frac{2S_{vib}}{3R}\cdot\frac{1}{r/r_0-1}\right) \tag{4.26}$$

式中，Q_n 和 Q_b 分别为纳米晶体材料和块体材料的扩散激活能；r 为粒子半径；r_0 为原子半径；S_{vib} 为振动熵；R 为摩尔气体常量；S_{vib}/R 在 1.2～1.4 之间。根据晶体材料的扩散激活能和阿伦尼乌斯公式，可以求出相应尺寸下的扩散系数。

与蒋青等理论类似地，Guisbiers 等[98]也利用林德曼熔化准则分析了纳米粒子扩散激活能的尺寸效应。Glyde 等[40]和 Benabraha 等[99]探讨了德拜温度与空位形成能、空位迁移能和扩散激活能的关系

$$\Theta = \Gamma_{\mathrm{I}}\left(\frac{E_{\mathrm{I}}}{mv^{3/2}}\right)^{\frac{1}{2}} \quad 或 \quad T_{\mathrm{m}} = C_{\mathrm{I}}E_{\mathrm{I}} \quad (\mathrm{I}=\mathrm{D, v, M}) \tag{4.27}$$

式中，Θ 为德拜温度；T_{m} 为熔点；Γ 和 C 为晶格结构常数；m 和 v 分别为原子的质量和体积；扩散激活能 E_{D} 等于空位形成能 E_{v} 与空位迁移能 E_{M} 之和。

微观扩散理论方面，Michio 等[100]利用过渡态理论研究了纳米晶体材料微观跳跃机制，发现纳米材料振动频率与块体材料不同。实际上，根据式(4.15)，通过晶格振动频率，可以从微观上给出纳米晶体材料的具体扩散机制和扩散系数。

4.3.2　扩散激活能尺寸效应数理模型

本小节主要介绍宏观动力学理论。以空位或间隙扩散为主的扩散机制，根据式(4.27)，其扩散激活能等于空位形成能加上空位迁移能

$$Q = E_{\mathrm{v}} + E_{\mathrm{M}} \tag{4.28}$$

式中，Q 为扩散激活能；E_{v} 为空位形成能；E_{M} 为空位迁移能。

晶体材料的空位形成能与原子键能具有正比关系，可以直接根据键能求解[已在式(4.20)中证明]。而根据式(4.27)，空位迁移能也与键能成正比(与德拜温度的二次方成正比)。因此，正如式(4.27)所述，扩散激活能与键能成正比。

常见金属材料的空位形成能与其相应的自扩散激活能如图 4.9 所示。不同晶

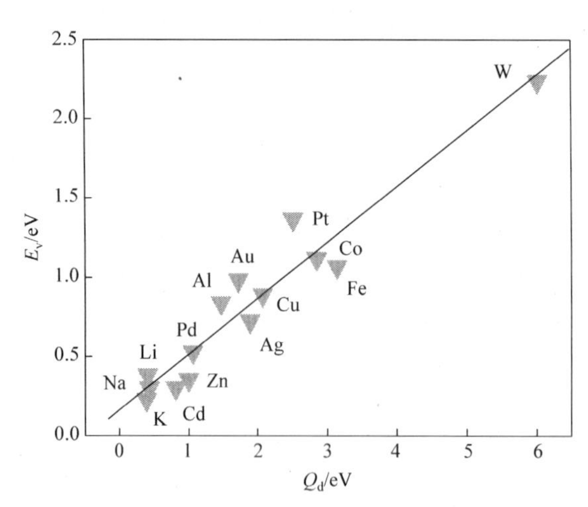

图 4.9　常见金属材料空位形成能和自扩散激活能的关系

体结构的空位形成能与其对应的自扩散激活能具有较好的线性关系。随着自扩散激活能的升高，空位形成能的数值也不断增大。利用 Origin 软件进行数据拟合，可知斜率为 0.43。出现实验数据和理论值略有偏差的原因可能是，不同晶面的扩散激活能数据或不同实验条件有所差别。

纳米晶体材料内部形成了大量的不饱和键和内部缺陷，扩散激活能可以根据纳米粒子尺寸效应物理模型改写为

$$\frac{\Delta Q_n}{Q_b}=\frac{\Delta W}{W_0}=\frac{CN}{4}\cdot\frac{r_0}{R}\cdot\frac{\rho_b}{\rho_n}\cdot\frac{1}{\eta} \tag{4.29}$$

式(4.29)为纳米粒子扩散激活能尺寸效应数理模型。

4.3.3　扩散激活能尺寸效应

研究表明，Au 金属纳米粒子粒径为 2 nm 时，其扩散激活能是块体材料的 75%。由纳米粒子扩散激活能尺寸效应数理模型计算得到的 Au 金属纳米粒子扩散激活能与粒径的关系如图 4.10(a)所示，Au 金属纳米材料扩散激活能的实验数据[101]列于图中。在实验误差范围内，理论预测值与实验结果吻合较好。当金属纳米粒子粒径减小时，扩散激活能降低。

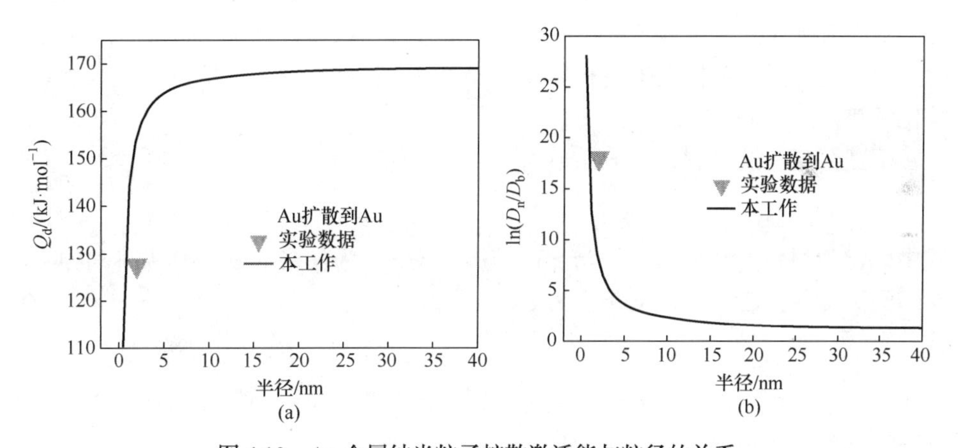

图 4.10　Au 金属纳米粒子扩散激活能与粒径的关系

为了进一步说明粒径对扩散的影响，由纳米粒子扩散激活能尺寸效应数理模型计算得到的 Au 金属纳米材料的扩散系数与粒径的关系如图 4.10(b)所示，Au 金属纳米材料扩散系数的实验数据[101-102]列于图中。块体 Au 的扩散系数 $D_b=1\times10^{-36}\ m^2\cdot s^{-1}$，而室温下晶粒尺寸为 2 nm 时 Au 金属纳米材料的扩散系数为 $D_n=1\times10^{-28}\ m^2\cdot s^{-1}$[103]。换句话说，$D_n/D_b=1\times10^8[\ln(D_n/D_b)=17.95]$，金属纳米材料的扩散系数比块体材料要高 8 个数量级。

由纳米粒子扩散激活能尺寸效应数理模型(相关计算参数见图 4.11)计算得到

的 Cu 和 Fe 金属纳米粒子扩散激活能与粒径的关系如图 4.11 所示，Cu 和 Fe 金属纳米材料扩散激活能的实验数据[101,104]列于图中。式(4.29)可以估计不同纳米晶体材料扩散激活能的尺寸效应。理论模型与实验预测吻合较好。

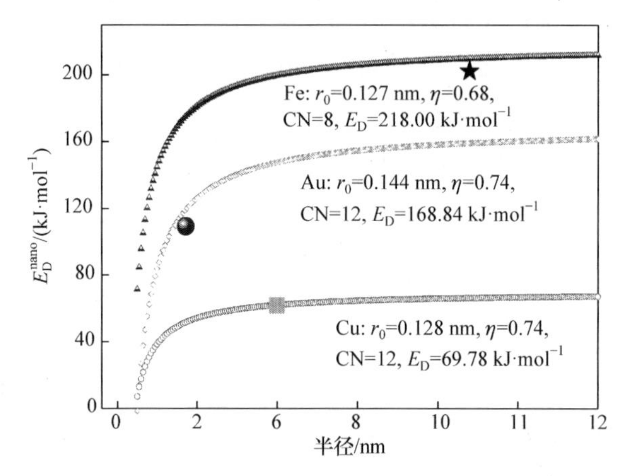

图 4.11　Cu 和 Fe 金属纳米材料扩散激活能与粒径的关系

4.3.4　扩散系数尺寸效应数理模型

本小节主要分析微观扩散机制。菲克扩散定律认为，原子的扩散方向从高浓度向低浓度进行。但拐点扩散和奥氏体分解等大量事实说明，扩散的根本驱动力是化学势。

根据微观扩散机制，扩散系数为

$$D = \alpha \cdot \Gamma \cdot a^2 \tag{4.30}$$

式中，α 为材料的几何因子，与晶体结构有关；a 为晶格常数；Γ 为跳动频率。对于间隙扩散机制，其跳动频率为

$$\Gamma = p_1 \cdot p_2 \tag{4.31}$$

式中，p_2 为振动频率 ν(ν=10^{13} s^{-1})；p_1 为原子具有改变位置的能量而发生跳动的概率(扩散概率)，可以根据吉布斯自由能得出

$$p_1 = \mathrm{e}^{\frac{-\Delta G}{RT}} = \mathrm{e}^{\frac{-(\Delta H - T\Delta S)}{RT}} \tag{4.32}$$

因此，间隙扩散的扩散系数为

$$D = \alpha \cdot a^2 \cdot \nu \cdot \mathrm{e}^{\frac{\Delta S}{R}} \cdot \mathrm{e}^{\frac{-\Delta H}{RT}} \tag{4.33}$$

式中，ΔS 为激活熵。令 $\alpha \cdot a^2 \cdot \nu \cdot \mathrm{e}^{\frac{\Delta S}{R}}$=$D_0$，得

$$D = D_0 \cdot \mathrm{e}^{\frac{-\Delta H}{RT}} \tag{4.34}$$

将式(4.34)与阿伦尼乌斯公式比较，则扩散激活焓等于扩散激活能 $\Delta H = Q_\mathrm{d}$。

类似地，对于空位扩散机制，其跳动的频率为

$$\Gamma = p_1 \cdot p_2 \cdot p_3 \tag{4.35}$$

式中，p_2 为振动频率 ν(ν=10^{13} s^{-1})；p_1 为扩散概率(此二者均与间隙扩散相同)；p_3 为空位平衡浓度(也可以根据吉布斯自由能得出)

$$p_3 = \mathrm{e}^{\frac{-(\Delta H_\mathrm{v} - T\Delta S_\mathrm{v})}{RT}} \tag{4.36}$$

空位形成熵 $\Delta S_\mathrm{v} \ll$ 激活熵 ΔS，故

$$D = D_0 \cdot \mathrm{e}^{\frac{-(\Delta H + \Delta H_\mathrm{v})}{RT}} \tag{4.37}$$

可以发现，空位机制扩散时，扩散激活能等于扩散激活焓与扩散迁移焓之和：Q=ΔH+ΔH_v。将式(4.28)进行比较可得

$$Q = E_\mathrm{v} + E_\mathrm{M} = -(\Delta H + \Delta H_\mathrm{v}) \tag{4.38}$$

即

$$Q \propto W_0 \propto \Delta H \tag{4.39}$$

式(4.39)与式(4.29)是一致的，说明扩散激活能的尺寸效应可以根据空位形成能计算。

4.3.5　扩散系数尺寸效应

TiO_2 和 SiO_2 是重要的锂离子电池负极材料。它们的热力学和动力学行为与金属纳米粒子类似。TiO_2 和 SiO_2 纳米负极材料的互扩散系数如图 4.12 所示，其中图 4.12(a)为 Pt 和 TiO_2 纳米材料的互扩散系数[105]，图 4.12(b)为 N 和 SiO_2 纳米材料的互扩散系数[106]。对比空位的平衡浓度，纳米粒子的扩散系数为 $D_\mathrm{n} = D_0 \exp(-Q_\mathrm{n}/kT)$。与此同时，对 0D、1D 和 2D 纳米材料，甚至是任意形貌的扩散系数也可以被预测。

以 N 和 SiO_2 纳米材料的互扩散为例，0D 纳米粒子的扩散系数变化最快。在 2 nm 时，N 在 SiO_2 纳米粒子的互扩散系数比块体材料高 6 个数量级(根据表面空位形成能，表面扩散将更剧烈)。图 4.12 强烈预示通常情况下纳米粒子的反应活性最高，这一结果与实验结果吻合。值得一提的是，O 原子的配位数为 3，而 Si 原子的配位数为 6。也就是说，SiO_2 中更容易形成 O 空位。N 和 SiO_2 纳米材料的扩散机制更倾向于 N 和 O 空位扩散。

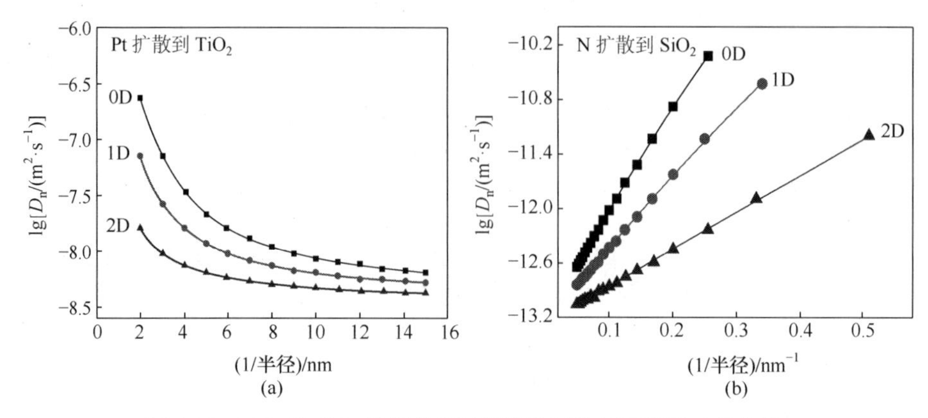

图 4.12　TiO_2和SiO_2纳米负极材料扩散系数与纳米尺寸的关系

参 考 文 献

[1] 波恩, 黄昆. 晶格动力学理论[M]. 葛惟锟, 贾惟义, 译. 北京: 北京大学出版社, 1989.

[2] Giauque W F, Archibald R C. The entropy of water from the third law of thermodynamics. The dissociation pressure and calorimetric heat of the reaction $Mg(OH)_2$ = MgO + H_2O. The heat capacities of $Mg(OH)_2$ and MgO from 20 to 300°K[J]. Journal of the American Chemical Society, 1937, 59(3): 561-569.

[3] Jura G, Pitzer K S. The specific heat of small particles at low temperatures[J]. Journal of the American Chemical Society, 1952, 74(23): 6030-6032.

[4] 程本培, 虞炳西. 用测定德拜温度的方法判断合金中原子间结合力的变化[J]. 物理测试, 1991, 5: 6-11.

[5] 程本培, 孔捷, 罗菊. 纳米 TiO_2 结构稳定性和德拜温度与粒度的关系[J]. 材料科学进展, 1993, 7(3): 240-243.

[6] Novotny V, Meincke P P M, Watson J H P. The effect of size and surface on the specific heat of small metal particles[J]. Physical Review Letters, 1972, 28(28): 901-903.

[7] 张洪亮, 雷海乐, 唐永建, 等. 纳米结构固体材料的低温热容性能研究[J]. 物理学报, 2010, 59(1): 471-475.

[8] 赵培玲. 纳米晶金属材料的热力学性质研究[D]. 沈阳: 东北大学, 2013.

[9] Snow C L, Lee C R, Shi Q. Size-dependence of the heat capacity and thermodynamic properties of hematite (α-Fe_2O_3)[J]. Journal of Chemical Thermodynamics, 2010, 42: 1142-1151.

[10] Denlinger D W, Abarra E N, Allen K. Thin film microcalorimeter for heat capacity measurements[J]. Review of Scientific Instruments, 1994, 65(4): 946-959.

[11] Revaz B, Zink B L, Hellman F. Si-N membrane-based microcalorimetry: Heat capacity and thermal conductivity of thin films[J]. Thermochimica Acta , 2005, 432: 158-168.

[12] Balerna A, Mobilio S. Dynamic properties and debye temperatures of bulk Au and Au clusters studied using extended X-ray-absorption fine-structure spectroscopy[J]. Physical Review B, 1986, 34(4): 2293-2298.

[13] 肖时芳. 纳米结构金属及合金热力学性能的原子模拟[D]. 长沙: 湖南大学, 2007.

[14] 查显弧. 一维和二维纳米材料热力学性质的第一性原理研究[D]. 合肥: 中国科学技术大学, 2014.

[15] Shi F G. Size dependent thermal vibrations and melting in nanocrystals[J]. Journal of Materials Research, 1994, 9(5): 1307-1314.

[16] Lindemann F A. The calculation of molecular eigen-frequencies[J]. Physics Z, 1910, 11(14): 609-612.

[17] 萧功伟. 金属 Debye 温度的新表示法及其与实验数据的比较[J]. 科学通报, 1987, 20: 1542-1544.

[18] 刘洋. 纳米材料德拜温度、体膨胀系数及热容的尺寸效应[D]. 长春: 吉林大学, 2008.

[19] Sadaiyandi K. Size dependent Debye temperature and mean square displacements of nanocrystalline Au, Ag and Al[J]. Materials Chemistry and Physics, 2009, 115: 703-706.

[20] Michailov M, Avramov I. Surface Debye temperatures and specific heat of nanocrystals[J]. Solid State Phenomena, 2010, 159: 171-174.

[21] Kumar R, Kumar M. Effect of size on cohesive energy, melting temperature and Debye temperature of nanomaterials[J]. Indian Journal of Pure & Applied Physics, 2012, 50(5): 329-334.

[22] Xiong S, Qi W H, Cheng Y, et al. Universal relation for size dependent thermodynamic properties of metallic nanoparticles[J]. Physical Chemistry Chemical Physics, 2011, 13(22): 10652-10660.

[23] Gu M X, Sun C Q, Li S, et al. Size, temperature, and bond nature dependence of Debye temperature and heat capacity of nanostructures[J]. Physical Review B, 2007, 75(12): 125403.

[24] Gu M X, Sun C Q, Chen Z, et al. Atomistic origin and temperature dependence of nanosolid elasticity and its derivatives on extensibility, Debye temperature, and heat capacity: A broken bond rule[J]. Journal of Raman Spectroscopy, 2007, 38(6): 780-788.

[25] Yang C C, Li S. Size-dependent raman red shifts of semiconductor nanocrystals[J]. Journal of Chemical Physics B, 2008, 112: 14193-14197.

[26] Xiong S Y, Qi W H, Huan B Y, et al. Gibbs free energy and size temperature phase diagram of hafnium nanoparticles[J]. Journal of Physical Chemistry C, 2011, 115: 10365-10369.

[27] Baltes H P, Hilf E R. Specific heat of lead grains[J]. Solid State Communications, 1973, 12(5): 369-373.

[28] Lautehschläger R. Improved theory of the vibrational specific heat of lead grains[J]. Solid State Communications, 1975, 16(12): 1331-1334.

[29] Comsa G H, Heitkamp D, Räde H S. Effect of size on the vibrational specific heat of ultrafine palladium particles[J]. Solid State Communications, 1977, 24(8): 547-550.

[30] Zhang H, Banfield J F. A model for exploring particle size and temperature dependence of excess heat capacities of nanocrystalline substances[J]. Nanostructured Materials, 1998, 10(2): 185-194.

[31] Zhu Y F, Lian J S, Jiang Q. Modeling of the melting point, Debye temperature, thermal expansion coefficient, and the specific heat of nanostructured materials[J]. Journal of Physical Chemistry C, 2009, 113(39): 16896-16900.

[32] 周文飞, 陈莉, 刘玲, 等. 采用原位 XRD 方法研究不同择优取向 Cu 纳米线的热膨胀[C]. 长春: 第十届全国 X 射线衍射学术大会暨国际衍射数据中心(ICDD)研讨会, 2016: 329-333.

[33] 温元凯, 李振民. 金属热膨胀系数和键能[J]. 科学通报, 1987, 4: 225-226.

[34] Hou M, El Azzaoui M, Pattyn H, et al. Growth and lattice dynamics of Co nanoparticles embedded in Ag: A combined molecular-dynamics simulation and mössbauer study[J]. Physical Review B, 2000, 62(8): 5117-5128.

[35] Luo W H, Hu W Y, Xiao S F. Size effect on the thermodynamic properties of silver nanoparticles[J]. Journal of Chemical Physics C, 2008, 112(7): 2359-2369.

[36] Hellstern E, Fecht H J, Fu Z, et al. Structural and thermodynamic properties of heavily mechanically deformed Ru and AlRu[J]. Journal of Applied Physics, 1989, 65(1): 305-310.

[37] Qian L H, Wang S C, Zhao Y H, et al. Microstrain effect on thermal properties of nanocrystalline Cu[J]. Acta Materialia, 2002, 50(13): 3425-3434.

[38] Li X H, Ma M H, Huang J F. Structures and properties of nanometer size materials Ⅲ. Structures and physical properties of iron nanoparticles[J]. Chinese Journal of Chemistry, 2005, 23(6): 693-702.

[39] Lannoo M, Allan G. Formation energy of vacancies in transition metals[J]. Journal of Physics and Chemistry of Solids, 1971, 32(3): 637-652.

[40] Glyde H R. Relation of vacancy formation and migration energies to the Debye temperature in solids[J]. Journal of Physics and Chemistry of Solids, 1967, 28: 2061-2065.

[41] Reynolds Jr C L, Couchman P R. On the relation between vacancy formation energy and Young's modulus[J]. Physics Letters A, 1974, 50(3): 157-158.

[42] Raya A K, March N H. Relation between vacancy properties and surface energies in three noble or transition metals[J]. Journal of Physics and Chemistry of Solids, 2000, 61: 827-828.

[43] McLachlan D, Foster W R. The relationship between coefficients of expansion and heat capacities of simple metals[J]. Journal of Solid State Chemistry, 1977, 20(3): 257-259.

[44] Soma T. Relaxation energy and formation volume for single vacancy in simple metals and semiconductors[J]. Physica B+C, 1978, 90(1): 108-109.

[45] Finnis M W. Vacancy formation energies and volumes in simple metals[J]. Journal of Nuclear Materials, 1978, 69-70: 638-640.

[46] Hua X, Liu Z, Fischer M G, et al. Lithiation thermodynamics and kinetics of the TiO_2 (B) nanoparticles[J]. Journal of the American Chemical Society, 2017, 139(38): 13330-13341.

[47] Song J, Shin D W, Lu Y H, et al. Role of oxygen vacancies on the performance of $Li[Ni_{0.5-x}Mn_{1.5+x}]O_4$ (x = 0, 0.05, and 0.08) spinel cathodes for lithium-ion batteries[J]. Chemistry of Materials, 2012, 24(5): 3101-3109.

[48] 侯清玉, 张跃, 张涛. 高氧空位浓度对锐钛矿 TiO_2 莫特相变和光谱红移及电子寿命影响的第一性原理研究[J]. 物理学报, 2008, 57(3): 1862-1866.

[49] Baughman R H, Turnbull D. Vacancy formation parameters in organic crystals[J]. Journal of Physics and Chemistry of Solids, 1971, 32(6): 1375-1394.

[50] Korzhavyi P A, Abrikosov I A, Johansson B. First-principles calculations of the vacancy

formation energy in transition and noble metals[J]. Physical Review B, 1999, 59(18): 1163-1173.

[51] Tiwari G P, Patil R V. A correlation between vacancy formation energy and cohesive energy[J]. Scripta Metallurgica, 1975, 9(8): 833-836.

[52] 吴长钧, 张振琪, 王延庆. 电阻法测定镍基合金中的空位形成能[J]. 测试技术, 1986, 2: 45-47.

[53] 孙浩亮, 徐可为. 纳米钨膜硬度、残余应力及电阻率的尺寸效应[C]. 西安: 中国科协第四届优秀博士生学术年会, 2006: 335-340.

[54] 张翠玲, 郑瑞伦. 氧化物纳米陶瓷中氧离子扩散激活能和电导率[J]. 西南大学学报, 2009, 31(3): 38-42.

[55] 钱开鲁, 王新生, 汪永江. 镉中空位形成能的测定[J]. 物理学报, 1965, 21(12): 2033-2036.

[56] 赵新春, 贾冲, 张喜燕. 纳米结构金属空位形成能的研究[J]. 南京大学学报, 2009, 45(2): 310-314.

[57] Dannefaer S, Mascher P, Kerr D. Monovacancy formation enthalpy in silicon[J]. Physical Review Letters, 1986, 56(20): 2195-2198.

[58] Kitashima T, Kakimoto K, Ozoe H. Molecular dynamics analysis of diffusion of point defects in GaAs[J]. Journal of the Electrochemical Society, 2003, 150(3): 198-202.

[59] 王枭, 于晓华, 李晓宇, 等. 纯 Fe 表面机械研磨处理对 Ti 原子扩散特性影响的第一性原理计算[J]. 材料导报, 2018, 47(6): 43-47.

[60] 胡望宇, 齐卫宏, 张邦维. 一种估算金属空位形成能的半经验方法[J]. 湖南大学学报, 1999, 26(5): 10-14.

[61] Brooks H. Impurities and Imperfections[M]. Novelty: ASM, 1955.

[62] Igarashi M, Khantha M, Vitek V. N-body interatomic potentials for hexagonal close-packed metals[J]. Philosophical Magazine B, 1991, 63(3): 603-627.

[63] 张喜燕, 赵新春, 贾冲, 等. 计算典型结构金属元素空位形成能的新方法[J]. 重庆大学学报, 2008, 31(12): 1342-1350.

[64] 汪永江. 金属中空位的形成能[J]. 物理学报, 1959, 15(9): 469-474.

[65] Brown A M, Ashby M F. Correlations for diffusion constants[J]. Acta Metall, 1980, 28: 1085-1101.

[66] 刘正, 吕振家. 碱金属肖脱基空位形成能的计算[J]. 科学通报, 1992, 13: 1239-1242.

[67] Magomedov M N. Dependences of the vacancy concentration and the self-diffusion coefficient on the size and shape of a nanocrystal[J]. Nanotechnologies in Russia, 2018, 12(7-8): 416-425.

[68] Qi W H, Wang M P. Vacancy formation energy of small particles[J]. Journal of Materials Science, 2004, 9: 2529-2530.

[69] Qi W H, Wang M P. Size dependence of vacancy formation energy of metallic nanoparticles[J]. Physica B: Condensed Matter, 2003, 34(3-4): 432-435.

[70] Guisbiers G. Schottky defects in nanoparticles[J]. Journal of Physical Chemistry C, 2011, 115(6): 2616-2621.

[71] 于晓华, 王远, 詹肇麟, 等. 空位形成能与键能的相关效应[J]. 材料热处理学报, 2014, 35(s1): 230-233.

[72] Yu X H, Zhan Z L, Rong J, et al. Vacancy formation energy and size effects[J]. Chemical Physics Letters, 2014, 600(600): 43-45.

[73] Shandiz M A. Effective coordination number model for the size dependency of physical properties of nanocrystals[J]. Journal of Physics: Condensed Matter, 2008, 20(32): 325237.

[74] Shim J H, Lee B J, Cho Y W. Thermal stability of unsupported gold nanoparticle: A molecular dynamics study[J]. Surface Science, 2002, 512(3): 262-268.

[75] Gladkikh N T, Kryshtal O P. On the size dependence of the vacancy formation energy[J]. Functional Materials, 1995, 6(5): 822-826.

[76] Panda S K, Yoon Y J, Jung H S, et al. Nanoscale size effect of titania (anatase) nanotubes with uniform wall thickness as high performance anode for lithium-ion secondary battery[J]. Journal of Power Sources, 2012, 204: 162-167.

[77] Horvath J, Birringer R, Gleiter H, et al. Diffusion in nanocrystalline material[J]. Solid State Communications, 1987, 62(5): 319-322.

[78] Belova I V, Murch G E. Diffusion in nanocrystalline materials[J]. Journal of Physics and Chemistry of Solids, 2003, 64: 873-878.

[79] Estrin Y, Gottstein G, Shvindlerman L S, et al. Diffusion controlled creep in nanocrystalline materials[J]. Scripta Materialia, 2004, 50: 993-997.

[80] Luo J Y, Wu C M, Xu T W, et al. Diffusion dialysis-concept, principle and applications[J]. Journal of Membrane Science, 2011, 366: 1-16.

[81] Divinski S V, Hisker F, Kang Y S, et al. Ag diffusion and interface segregation in nanocrystalline c-FeNi[J]. Acta Materialia, 2004, 52: 631-645.

[82] Jiménez J A, Sendova M. Diffusion activation energy of Ag in nanocomposite glasses determined[J]. Chemical Physics Letters, 2011, 503: 283-286.

[83] Lu L, Lai M O, Zhang S, et al. Diffusion in mechanical alloying[J]. Journal of Materials Processing Technology, 1997, 67: 100-104.

[84] Gupta A, Chakravarty S, Rajput P, et al. Study of nano-scale diffusion in thin films and multilayers[J]. Hyperfine Interact, 2008, 183: 23-30.

[85] Tong W P, Tao N R, Wang Z B, et al. Nitriding iron at lower temperatures[J]. Science, 2003, 299: 686-688.

[86] Fujita T, Horita Z, Langdon T G. Characteristics of diffusion in Al-Mg alloys with ultrafine grain sizes[J]. Philosophical Magazine A, 2002, 82(1): 2249-2262.

[87] Herth S, Michel T, Tanimoto H, et al. Self-diffusion in Nanocrystalline Fe and Fe-rich Alloys[M]. Uetikon-Zürich: Scitec Publications Ltd., 2001.

[88] 王玉仓, 陈卫光, 王昶清, 等. Cu(100)表面空位扩散的分子动力学研究[J]. 洛阳理工学院学报, 2011, 21(3): 10-13.

[89] 欧阳义芳, 张邦维, 廖树帜, 等. 碱金属自扩散激活能 EAM 计算[J]. 中国科学 A, 1994, 24(8): 835-839.

[90] 陈达. 纳米微晶材料的扩散机制[J]. 金属学报, 1995, 31(8): 341-345.

[91] 曹保胜, 雷明凯. 二元系纳米多层薄膜界面稳定性的理论分析[C]. 兰州: 全国表面工程学术会议, 2006: 39-42.

[92] Cao B S, Lei M K. Nonlinear interdiffusion in binary nanometer-scale multilayers submitted to thermal annealing[J]. Thin Solid Films, 2008, 516: 1843-1848.

[93] Cao B S, Lei M K. Nonlinear diffusion of interstitial atoms[J]. Physical Review B, 2007, 76: 212301.

[94] Mei Q S, Lu K. Melting and superheating of crystalline solids: From bulk to nanocrystals[J]. Progress in Materials Science, 2007, 52(8): 1175-1262.

[95] Stark J P. Diffusion and melting in solids[J]. Acta Metallurgica, 1965, 13(11): 1181-1185.

[96] Jiang Q, Zhang S H, Li J C. Grain size-dependent diffusion activation energy in nanomaterials[J]. Solid State Communications, 2004, 130(9): 581-584.

[97] 张思华. 扩散激活能的尺寸效应[D]. 长春: 吉林大学, 2004.

[98] Guisbiers G, Buchaillot L. Size and shape effects on creep and diffusion at the nanoscale[J]. Nanotechnology, 2008, 19(43): 435701.

[99] Benabraha S I, Rabinovitc A, Pelle J. Relations between vacancy migration and formation energies, Debye temperature and melting point[J]. Pysica Status Solidi B, 1977, 84: 435-441.

[100] Michio M, Koichi S, Toshimasa Y, et al. Validity of activation energy for vacancy migration obtained by integrating force-distance curve[J]. Materials Transactions, 2007, 48(9): 2362-2364.

[101] Dick K, Dhanasekaran T, Zhang Z Y, et al. Size-dependent melting of silica-encapsulated gold nanoparticles[J]. Journal of the American Chemical Society, 2002, 124(10): 2312-2317.

[102] Shibata T, Bunker B A, Zhang Z Y, et al. Size-dependent spontaneous alloying of Au-Ag nanoparticles[J]. Journal of the American Chemical Society, 2002, 124: 11989-11996.

[103] Martienssen W, Warlimont H. Springer Handbook of Condensed Matter and Materials Data[M]. Berlin Heidelberg: Springer, 2005.

[104] Yang C C, Li S. Investigation of cohesive energy effects on size-dependent physical and chemical properties of nanocrystals[J]. Physical Review B, 2007, 75: 165413.

[105] Mishra S, Gupta S K, Jha P K, et al. Study of dimension dependent diffusion coefficient of titanium dioxide nanoparticles[J]. Materials Chemistry and Physics, 2010, 123(2-3): 791-794.

[106] Bhatt P A, Pratap A, Jha P K. Size and dimension dependent diffusion coefficients of SnO_2 nanoparticles[J]. Aip Conference, 2013, 1536: 237-238.

第 5 章　纳米晶体材料热学特性

相的概念最早由吉布斯在《论多相物质的平衡》一文中提出，指能够用压强、体积、温度、内能、熵、焓、吉布斯自由能和亥姆霍兹自由能等统一的热力学状态函数表述的结构和成分相同的均匀部分。

压强、体积和温度等热力学条件下，各相的热力学状态函数可能因尺寸效应而相等(相平衡)，也可能因尺寸效应而不等(相转变)。因此，阐明各相的热力学状态函数的尺寸效应，可以获得相平衡和相转变的机制，给出界面偏析和界面迁移(晶粒生长)的规律。

根据特性函数法，纳米晶体材料的内能、熵、焓、吉布斯自由能和亥姆霍兹自由能都可以被德拜温度或比热容计算。因此，本章基于纳米晶体材料晶格动力学理论，探讨纳米晶体材料热力学状态函数的尺寸效应，并介绍简单的相平衡和相变规律，阐述可能的相图测试方法。

5.1　纳米晶体材料内能特性

德拜理论认为，晶体材料的内能一般与熔点成正比；Richard 等[1]认为，晶体材料的熔化热与熔点近似成正比；Trouton 等[2]认为，升华热与沸点也成正比。因此，晶体材料的内能近似与熔点、沸点、熔化热和升华热等参数成正比[3-5]。本节利用熔点研究晶体材料内能的尺寸效应。

5.1.1　数理模型介绍

1. 实验和模拟研究

1909 年，Pawlow 首次发现了纳米晶体材料熔点下降的现象[6]。1954 年，Mieko[7]证明了超细金属粒子的熔点低于其对应的块体材料。但直到 2002 年，Kim 等[8]才首次测量了 Mo 和 W 纳米粒子的氧化焓，获得了内能的实验数据。与此同时，Allen 等发现 Sn 和 Bi 纳米粒子[9]、Pb 纳米粒子[10]、In 纳米线[11]和薄膜[12]的熔点都随尺寸减小而减小。但在基体 Al 中，Pt 纳米粒子的熔点随尺寸的减小而增加(过热)[13]，Sn 纳米粒子的熔化熵和熔化焓也随尺寸的减小而增加[14-15]。

计算机模拟方面的研究工作也不少，但限于计算量，最大粒子的尺寸一般到 10～20 nm。例如，沈通[16]利用分子动力学模拟了 Fe 纳米粒子及体材料固液相变过程，魏岚[17]利用分子动力学计算了合金纳米颗粒的结构和热力学特征等，这些分子动力学模拟结果与理论模型是接近的。

2. 数理模型研究

(1)判断熔化现象一般有 4 个准则：林德曼熔化准则、模量熔化准则、缺陷熔化准则和两相熔化准则[18]。

林德曼熔化准则[19]以晶格动力学为主要理论依据，认为晶体中原子振动的平方根位移(以德拜温度为标准)达到原子最近邻距离的某一个临界比值时，熔化开始产生。该准则虽然是半经验性理论，但简单可靠，目前仍被广泛使用。

模量熔化准则[20]以力学特性为主要理论依据，认为晶体材料具有一定数量的杨氏模量或扭转模量，而液体没有。当杨氏模量等于零时，可以认定晶体开始产生熔化。因为晶体在液态时仍然具有一定数值的杨氏模量，所以 Tallon [21]对 Born 的假设进行了改进：当晶体的模量等温减小到零时，熔化开始产生。

缺陷熔化准则[22-23]以位错和空位为主要理论依据。位错熔化准则认为：位错的热激发将导致熔化的产生。当前，虽然也有不少实验和理论模拟证实了位错对熔化有影响，但直接而充分的证据仍然不够。空位熔化准则主要认为：当空位的浓度增加到一定的数值时(一般空位在 10%左右)，熔化开始产生。

两相熔化准则[24]以热力学特性函数为主要理论依据，认为熔化分为两种方式：连续相变和非连续相变。连续相变经过原始的相起伏，然后不断扩展而成。非连续相变先要在母体中形成一定大小的核心，然后在扩展熔化。此外，也有一些实验证实，固体的熔化一般最先出现在高能的界面和晶界处，即晶界和高能界面越多，熔化越快。

上述熔化准则中，林德曼熔化准则反映了晶体结合能方面的信息，模量熔化准则反映了晶体结合力方面的信息，缺陷熔化准则反映了晶体缺陷方面的信息(空位形成能与键能成正比)，两相熔化准则反映了相平衡方面的信息(化学势可根据内能计算)。综上，4 个熔化准则的本质都是晶体材料的键能和内能。根据这一思路可以提出更多的熔化判据，如表面张力判据和原子扩散激活能判据等。

(2)纳米晶体材料熔化的尺寸效应数理模型建立在四大熔化准则的基础上，但又有创新。

熔化模型(Shi-Jiang 提出)[25-27]，基于林德曼熔化准则提出。当晶体的尺寸减小到纳米尺度时，纳米晶体的平均均方位移应等于块体材料的均方位移加上表面原子的均方位移

$$n\sigma_{\mathrm{n}}^{2}=n_{\mathrm{v}}\sigma_{\mathrm{v}}^{2}+n_{\mathrm{s}}\sigma_{\mathrm{s}}^{2} \tag{5.1}$$

式中，n 为总原子数；σ_{n}^{2} 为纳米晶体的平均均方根位移；n_{v} 为纳米晶体内部原子

数；σ_v^2为纳米晶体内部的平均均方根位移；n_s为纳米晶体表面原子数；σ_s^2为纳米晶体表面的平均均方根位移。

因此，纳米晶体材料熔点的尺寸效应可表示为

$$T_{m,n}/T_{m,b}=\left(1-\frac{1}{r/r_0-1}\right)\exp\left(-\frac{2S_{vib}}{3R}\cdot\frac{1}{r/r_0-1}\right) \tag{5.2}$$

式中，$T_{m,n}$和$T_{m,b}$分别为纳米材料和块体材料的熔点；r为晶粒半径；r_0为原子半径；S_{vib}为振动熵；R为摩尔气体常量；S_{vib}/R一般在1.2～1.4之间。

内聚能模型(Qi提出)[28-29]类似于理想溶体模型：

$$E_n=E_b(1-\frac{\alpha d}{D}) \quad 或 \quad E_n=E_b(1-\frac{3\alpha d}{D}) \tag{5.3}$$

式中，E_n为纳米晶体的结合能；E_b为块体材料的结合能；α为形状因子；d为纳米晶体的原子直径；D为纳米粒子的晶粒直径。两个式子的区别在于形状因子。

液滴模型(Nanda提出，与空位形成机制类似)[30-31]，基于体系的结合能可以利用液滴模型计算[32-33](原子核物理)提出。纳米粒子的结合能等于块体材料的结合能减去相应的表面能项：

$$E_n=E_b-\frac{4\pi\cdot r_0\cdot\gamma_0}{n^{1/3}}, \quad n^{1/3}=\frac{D^3}{(2r_0)^3} \tag{5.4}$$

式中，E_n为纳米晶体的结合能；E_b为块体材料的结合能；r_0为纳米晶体的原子半径；γ_0为表面能。对于球体结构，则原子数n可表示为

$$n^{1/3}=\frac{D^3}{(2r_0)^3} \tag{5.5}$$

式中，D为纳米粒子的半径。

BOLS模型(Sun提出)[34-35]基于键弛豫理论和局域键平均近似提出。

晶格敏感模型(Safaei 提出)[36-37]基于表面原子数和内部原子数提出。比较可知，该模型与汪永江的空位形成能模型有相通之处。

表面能模型(Guisbiers提出)[38-39]基于表面能和两相平衡理论提出。Lee等[40]和Xue等[41]也基于两相平衡理论提出。

晶格动力学模型(Kumar提出)[42-43]基于德拜温度和晶格振动频率提出。

(3)二元合金/化合物的熔化现象一般在单元系的基础上进行修正。其思想与理想溶体模型向规则溶体模型修正的思路类似。例如，Liao等[44]对熔化模型进行了修正和扩展，李愿[45]对内聚能模型进行了推广。

(4)值得注意的是，蒋青等根据熔化模型，还研究了非晶的玻璃化转变温度[46]、蒸发温度(Nanda也研究了蒸发温度和蒸发焓)[47]和冻结温度[48]的尺寸效应。

5.1.2　内能尺寸效应数理模型

纳米晶体材料尺寸效应物理模型主要基于空位形成能与键能、内能、德拜温度、扩散激活能的关系建立。在研究过程中逐渐吸收了液滴模型、内聚能模型和表面能模型对金属纳米粒子的处理方法，借鉴了理想溶液模型和亚规则溶液模型对单元系和二元系合金的分析思路，学习了晶格动力学模型和熔化模型对纳米晶体材料的应用经验，参考了密度泛函理论和材料基因组的设计内容，扩展至纳米晶体材料的晶体学特性、力学特性、晶格动力学特性和晶体热力学特性。因此，著者所构建与发展的纳米晶体材料尺寸效应物理模型可统称为“空位模型”(vacancy model)或“Yu Model”。

设某理想晶体材料中有 N 个原子。从晶粒中取出一个原子，并形成 1 个体空位。根据式(2.52)，势能函数可表示为

$$V(r_1,\cdots,r_N)-V(r_1,\cdots,r_{N-1})=E_{\mathrm{v}}=4\pi\gamma_{\mathrm{b}}\cdot r_0^2 \tag{5.6}$$

取出 2 个原子形成相应的空位时，势能函数将变为

$$V(r_1,\cdots,r_N)-V(r_1,\cdots,r_{N-2})=2E_{\mathrm{v}}=2\times4\pi\gamma_{\mathrm{b}}\cdot r_0^2 \tag{5.7}$$

将 N 个原子全部升华为金属蒸气时

$$V(r_1,\cdots,r_N)=N\cdot4\pi\gamma_{\mathrm{b}}\cdot r_0^2 \tag{5.8}$$

显然，原子全部取出后，晶体势能为零，即总的原子键能(结合能)等于势能。利用数学技巧，可以得到如下关系

$$n=\gamma_{\mathrm{n}}R^2/\gamma_{\mathrm{b}}r_0^2 \tag{5.9}$$

于是

$$V(r_1,\cdots,r_{N-n})=4\pi\gamma_{\mathrm{n}}\cdot R^2 \tag{5.10}$$

因此

$$V(r_1,\cdots,r_N)-V(r_1,\cdots,r_{N-n})=N\cdot4\pi\cdot r_0^2\cdot\gamma_{\mathrm{b}}-N\cdot4\pi\cdot r_0^2\cdot\frac{r_0}{R_0}\cdot\frac{\rho_{\mathrm{b}}}{\rho_{\mathrm{n}}}\cdot\frac{1}{\eta}\cdot\gamma_{\mathrm{n}} \tag{5.11}$$

即

$$\frac{V(r_1,\cdots,r_{N-n})}{V(r_1,\cdots,r_N)}=\frac{\mathrm{CN}}{4}\cdot\frac{r_0}{R}\cdot\frac{\rho_{\mathrm{b}}}{\rho_{\mathrm{n}}}\cdot\frac{1}{\eta} \tag{5.12}$$

可以发现，利用空位形成能推导的纳米粒子内能尺寸效应数理模型与宏观热力学方法推导的结果一致。

5.1.3 内能/熔点的尺寸效应

晶体材料具有规则的晶体结构，内能可以用熔点反映。由纳米粒子内能尺寸效应数理模型计算得到的 Au、Al、Ag、Cu、Pb 和 Sn 金属纳米粒子熔点与粒径的关系如图 5.1 所示(相关计算参数见表 5.1)，Au[37,40-41,49-52]、Al[49, 53-56]、Ag[57-58]、Cu[59-60]、Pb[28, 37, 49, 61-62]和 Sn[27-28, 41, 49, 63]金属纳米材料熔点的实验数据列于图中。

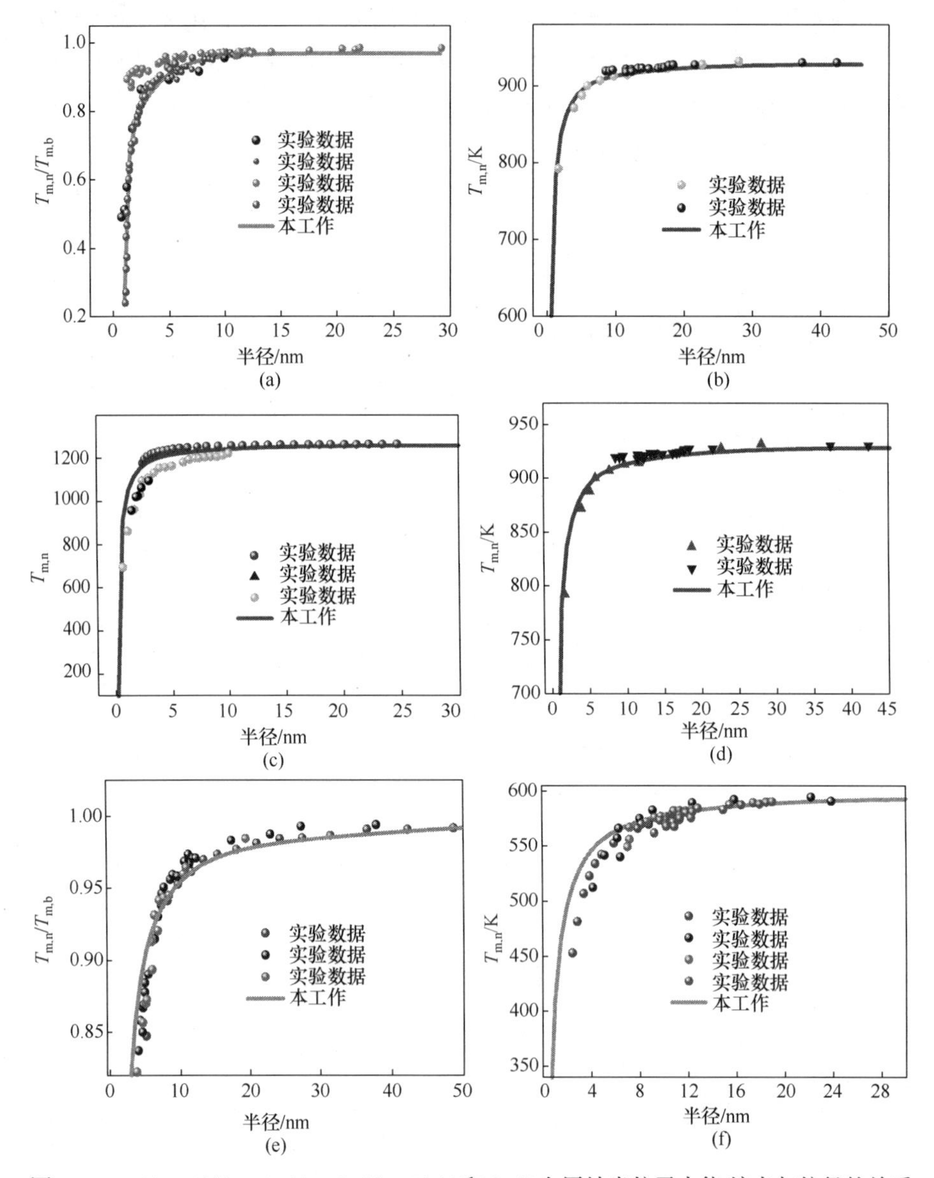

图 5.1　Au(a)、Al(b)、Ag(c)、Cu(d)、Pb(e)和 Sn(f)金属纳米粒子内能/熔点与粒径的关系

表 5.1　Au、Al、Ag、Cu、Pb 相关计算参数

参数	Au	Al	Ag	Cu	Pb
r_0/nm	0.1442	0.1431	0.1444	0.1278	0.1750
表面张力(γ_b)	1.33	1.015	1.100	1.534	1.77
杨氏模量(Y_b)	0.85	0.75	0.8	1.28	1.21

图中选择了 3 组无量纲数据和 3 组真实数据进行分析。可以看出，当前研究较多的金属纳米粒子的实验结果，与本书所提出的纳米粒子内能尺寸效应数理模型吻合较好。Au 和 Ag 金属纳米粒子在 0～5 nm 范围时，实验数据在拐角处与模型给出的预测结果非常接近，这说明本书所提模型能够十分精确地表达尺寸效应的变化情况。

此外，对于 Al、Cu 和 Pb 金属纳米粒子，无论在大尺度还是小尺度上，都与纳米粒子内能尺寸效应数理模型给出的预测结果吻合，强烈证明模型的准确性。综上所述，各种纳米晶体材料内能的尺寸效应都可以利用晶体材料内能尺寸效应数理模拟准确描述。结合统计热力学解析和空位形成能解析，可以预测各种各样不同维度(零维、一维、二维和三维)、不同形状(椭圆、球形和十六面体等)纳米材料的内能。

5.2　纳米晶体材料吉布斯自由能特性

热力学四定律是简洁而优美的经典定律，已经被无数实验所证实，获得了科学界的广泛认可。最近的研究发现，吉布斯自由能、熵、焓和亥姆霍兹自由能等热力学函数，在纳米尺度下都发生了变化。这一变化不仅对熔化(固液相变)/熔点有作用，对有序化、合金化和热力学稳定性等方面也有影响。因此，阐明热力学函数的尺寸效应是极为必要的。

例如，Tomanek 等[64-65]发现 Cr 纳米晶的原子数小于 600 时，稳定的 BCC 结构将转变为 FCC 结构。Alloyeau 等[66]证实在 773～923 K 时(比块体材料低)，2～3 nm 的无序 CoPt 纳米粒子将变为有序。而 Xiong 等[67]证明 Cu 和 Ni 块体材料在体积上不相容，但在纳米尺度上可以形成合金。

此外，纳米晶体材料具有很高的活性，多数学者认为室温下应极不稳定[68]。也有文献指出，纳米材料的晶粒生长速率远低于传统晶粒长大理论所预测的生长速率[69-71]。目前，对纳米材料晶粒尺寸稳定性的研究主要集中在热稳定性方面，相关物理机制尚不完全明朗(本书不做详细介绍)。动力学模型：通过钉轧晶界的方式实现晶粒生长，起钉轧作用的有溶质原子[72-74]、三叉晶界[75-78]、第二相粒子

等[79-80]；热力学模型：通过降低晶界能减少晶粒生长的驱动力[81-82]，从而实现晶粒的缓慢生长，降低晶界能作用的有溶质原子偏析和空位注入[83-85]等方式。

5.2.1 数理模型介绍

1. 实验和模拟研究

纳米晶体材料吉布斯自由能函数的测量方法分为物理法和化学法两类。在此基础上，物理法分为相变法，化学法分为微量热法、电动势法和平衡分压法等。

相变法主要根据纳米材料的熔化温度和升华温度等相变温度进行分析，其本质是晶体材料键能的破坏和拆散。

微量热法可以检测整个反应的热动力学变化，指导反应历程，主要研究纳米材料化学合成或反应过程中吸收、释放的微小热量(反应焓)，其本质是原子键生成或断裂的热效应。

平衡分压法主要根据纳米材料化学反应过程中分压/气压进行研究，其本质是键能的破坏和生成。

电动势法可以准确地监测相变和高温氧化等，主要解释纳米材料电化学过程中电动势(Nernst 方程)的升高/降低，其本质是纳米晶体材料键能变化的放电效应。

虽然上述方法的物理化学情境不同，但其动力学过渡态相同，本质都是原子的聚散和键能的变化。

例如，Nanda 等[86-87]研究了 PbS 和 Au 纳米粒子蒸发相变的热力学规律，利用开尔文方程计算了蒸发起始温度和蒸发焓的变化规律，给出了表面张力尺寸效应的表达式。黄在银等[88-89]利用微量热仪和电化学工作站测试了 ZnO 和 Ag_3PO_4 纳米材料的反应焓和电动势，解释了纳米晶体材料标准摩尔生成吉布斯自由能的尺寸效应。薛永强等[90]利用平衡常数验证了纳米 $CaCO_3$ 的标准摩尔反应吉布斯自由能和标准摩尔生成吉布斯自由能随纳米尺寸的变化规律。

2. 数理模型研究

(1) 晶界膨胀模型。Smith 等[91-92]最早提出了晶体结合能与点阵常数的普适关系(Gholamabbas 等[93]也进行了类似的工作)。Fecht[94]和 Wagner[95]在 Smith 的基础上，认为纳米晶体材料晶粒尺寸减小，晶体体积膨胀，提出了晶界膨胀模型。而后，卢柯[96]和徐祖耀等[68]利用晶界膨胀模型研究了纳米晶体材料的相变，讨论了纳米晶体热力学向非晶体热力学的过渡。宋晓艳等[97-99]发展了晶界膨胀模型：

$$x_{\rm b}(r_{\rm b},d)=\left[1+\frac{(d-2\delta)^3}{6\delta(d-\delta)^2}\cdot\frac{r_{\rm b}}{r_0}\cdot\frac{\rho_{\rm i}}{\rho_{\rm b}}\right]^{-1} \tag{5.13}$$

式中，$x_b(r_b, d)$ 为晶界处原子所占的百分比；r_b 为晶界处原子半径；d 为球形纳米粒子的直径；δ 为晶界厚度；r_0 为晶体内部的原子半径；ρ_i 为界面原子的密度；ρ_b 为内部原子的密度。

因此，纳米粒子的吉布斯自由能 G 可分为内部吉布斯自由能 G_i 和外部吉布斯自由能 G_b 两项

$$G = x_b(r_b, d)G_b(\Delta V, T) + \left[1 - x_b(r_b, d)\right]G_i(T) \tag{5.14}$$

(2) 表面能模型。蒋青等[100]根据表面热力学理论，认为纳米粒子的吉布斯自由能 G 可以分为内部吉布斯自由能 G_v 项、表面能项 G_s 和表面应力项 G_e：

$$G = G_v + G_s + G_e \tag{5.15}$$

而薛永强等[90]认为，没有内孔的球形纳米粒子，表面吉布斯自由能 G_s 可表示为

$$G_s = N \cdot \sigma \cdot 4\pi R^2 \tag{5.16}$$

式中，N 为粒子数；σ 为表面能；R 为粒子半径。

(3) 电动势模型。黄在银等[88-89]根据可逆电池的电动势理论提出(具体实验步骤见文献[88-89])：

$$\Delta_r G_m^{\ominus} = \Delta_f G_{m,bulk}^{\ominus} - \Delta_f G_{m,nano}^{\ominus} = -zE^{\ominus}F \tag{5.17}$$

式中，$\Delta_r G_m^{\ominus}$ 为标准摩尔反应吉布斯自由能；$\Delta_f G_{m,bulk}^{\ominus}$ 为块体材料的标准摩尔生成吉布斯自由能；$\Delta_f G_{m,nano}^{\ominus}$ 为纳米晶体材料的标准摩尔生成吉布斯自由能；z 为电荷转移数；$E^{\ominus}$ 为标准电动势；F 为法拉第常量。

(4) 晶格动力学模型。齐卫宏等[101-102]和罗文华等[103]利用德拜温度建立了纳米晶体材料亥姆霍兹自由能的尺寸效应模型，解释了吉布斯自由能随晶粒尺寸的变化规律：

$$F(T, V) = E(V) + E_D(V, T) - TS_D(V, T) \tag{5.18}$$

式中，$F(T, V)$ 为亥姆霍兹自由能；$E(V)$ 为结合能；$E_D(V, T)$ 为振动能；$S_D(V, T)$ 为熵变。并且

$$E_D(V, T) = 3k_B TB(\frac{\theta}{T}) + E_0 \tag{5.19}$$

$$S_D(V, T) = 4k_B\left[B(\frac{\theta}{T}) - \frac{3}{4}\ln(1 - e^{-\theta/T})\right] \tag{5.20}$$

分析上述晶体膨胀模型、表面能模型、电动势模型和晶格动力学模型可以发现，纳米晶体材料吉布斯自由能、亥姆霍兹自由能、熵和焓的尺寸效应数理模型

都可以使用经典热力学方法和统计热力学方法进行分析。

5.2.2　吉布斯自由能尺寸效应数理模型

为了加深理解金属纳米粒子尺寸效应物理模型，本小节利用经典热力学理论推导纳米晶体材料吉布斯自由能的尺寸效应数理模型，5.2.3 小节利用统计热力学理论构建纳米晶体材料亥姆霍兹自由能的尺寸效应数理模型。

块体材料和纳米晶体材料相变过程和化学反应过程的过渡态是相同的[89]。纳米晶体材料的吉布斯自由能 $G_n(T)$ 为

$$G_{\mathrm{n}}(T)=G_{\mathrm{b}}(T)+A^{\mathrm{s}}(T)\gamma_{\mathrm{n}}(T) \tag{5.21}$$

式中，$A^s(T)$、$\gamma_n(T)$ 和 $G_b(T)$ 分别为任意温度下纳米晶体材料的表面积、表面张力和块体材料的吉布斯自由能(可以通过查表获得[104-105])。

表面张力具有尺寸效应，与温度的关系可表示为

$$\gamma_{\mathrm{n}}(T)=\gamma_{\mathrm{m}}-\frac{\mathrm{d}\gamma}{\mathrm{d}T}(T-T_{\mathrm{m}}) \tag{5.22}$$

式中，γ_m 为熔点 T_m 时的表面张力；$\mathrm{d}\gamma/\mathrm{d}T$ 为表面张力系数。二者为已知参数。

半径为 R 的球形纳米粒子(其他形状类推)，其表面积可用体积 $V^s(T)$ 计算

$$A^{\mathrm{s}}(T)=\frac{3}{R}V^{\mathrm{s}}(T) \tag{5.23}$$

$V^s(T)$ 可以利用液体的熔化体积 $V^l(T)$ 和相变体积参数 α 表示

$$\frac{V^{\mathrm{l}}(T)-V^{\mathrm{s}}(T)}{V^{\mathrm{l}}(T)}=\alpha\ ,\quad V^{\mathrm{s}}(T)=\frac{V^{\mathrm{l}}(T)}{1+\alpha} \tag{5.24}$$

进一步，不同温度下的液体体积 $V^l(T)$ 可以根据液体的体膨胀系数 δ 计算：

$$V^{\mathrm{l}}(T)=V_{\mathrm{m}}^{\mathrm{l}}[1+\delta(T-T_{\mathrm{m}})] \tag{5.25}$$

式中，V_m^l 为液体在熔点时的摩尔熔化体积。三者为已知参数。

综合式(5.21)～式(5.25)得

$$G_{\mathrm{n}}(T)=G_{\mathrm{b}}(T)+\frac{3V_{\mathrm{m}}^{\mathrm{l}}[1+\delta(T-T_{\mathrm{m}})]}{R\cdot(1+\alpha)}\cdot[\gamma_{\mathrm{m}}-\frac{\mathrm{d}\gamma}{\mathrm{d}T}(T-T_{\mathrm{m}})] \tag{5.26}$$

式(5.26)为纳米晶体材料吉布斯自由能尺寸效应数理模型。与罗文华等[103]和 Guisbiers 等[106]表面能模型不同的是，该数理模型考虑了表面张力的尺寸效应，物理机制更为明确。

特殊地，在熔点 T_m 处，式(5.26)可简化为

$$G_{\mathrm{n}}(T_{\mathrm{m}})=G_{\mathrm{b}}(T_{\mathrm{m}})+4\pi R^2\cdot\gamma_{\mathrm{m}} \tag{5.27}$$

根据纳米粒子尺寸效应物理模型，在任意温度 T 时

$$G_{\mathrm{n}}(T)=G_{\mathrm{b}}(T)\cdot\left(1+\frac{\mathrm{CN}}{4}\cdot\frac{r_0}{R}\cdot\frac{\rho_{\mathrm{b}}}{\rho_{\mathrm{n}}}\cdot\frac{1}{\eta}\right) \tag{5.28}$$

可见，表面吉布斯自由能与粒径的倒数成正比，这一趋势与薛永强等[90]的实验结果和宋晓艳等[97-99]的理论结果吻合。利用式(5.28)可以验算纳米晶体材料熔点的尺寸效应。纳米晶体材料的吉布斯自由能大于块体材料，晶粒有自发长大的趋势。晶粒尺寸越小和温度越低，吉布斯自由能越大，趋势越明显。

联立热力学第一定律和热力学第二定律得

$$G=U+pV-TS \tag{5.29}$$

由于 pV 项已经包括在平均密度中，熵的变化可忽略不计[106]，因此吉布斯自由能的变化与内能的变化接近。

$$G\approx U \tag{5.30}$$

5.2.3　亥姆霍兹自由能尺寸效应数理模型

化学反应一般在恒温恒压条件下进行，利用吉布斯自由能判据较为简便。但考虑晶体材料体积不变的情形，需要使用亥姆霍兹自由能判据。

1. 晶体材料的亥姆霍兹自由能严格解

根据热力学第一定律和热力学第二定律，以及亥姆霍兹自由能的定义

$$F=U-TS \tag{5.31}$$

考虑亥姆霍兹自由能的德拜理论

$$F=-kT\ln\varphi=-D_0+3Nk\ln(1-\mathrm{e}^{-u})-NkTD(u) \tag{5.32}$$

式中，F 为晶体材料的亥姆霍兹自由能；k 为玻尔兹曼常量；N 为原子数。比较式(5.31)和式(5.32)，可将式(5.32)看成三个部分：右边第一项 D_0 为 0 K 时晶体的结合能，右边第二项为晶体的振动能，右边第三项为晶体材料的熵变。

u 为德拜函数

$$u=\frac{\Theta_{\mathrm{D}}}{T} \tag{5.33}$$

而德拜理论的微商为

$$\frac{\mathrm{d}D(u)}{\mathrm{d}u}=\frac{3}{\mathrm{e}^{u}-1}-\frac{3}{u}D(u) \tag{5.34}$$

积分得

$$D(u) = 3u^3 \int_0^u [u^3 / (\mathrm{e}^u - 1)] \mathrm{d}u \tag{5.35}$$

也就是说，晶体材料的亥姆霍兹自由能可以表示为

$$F = -kT \ln \varphi = -D_0 + 3Nk \ln(1 - \mathrm{e}^{-\frac{\Theta_D}{T}}) - NkTD(u) \tag{5.36}$$

或
$$D(u) = 3u^3 \int_0^u [u^3 / (\mathrm{e}^u - 1)] \mathrm{d}u$$

2. 纳米晶体材料的亥姆霍兹自由能

罗文华和齐卫宏[101-103]等根据 Magomedov 假设，认为纳米晶体材料的德拜温度与熔点成正比,但考虑纳米晶体材料表面并非理想结构(存在大量表面空位和残余应力等)，而且表面壳层结构只有 1 个原子层厚，因此，为了简化计算也可近似认为相等。

考虑表层原子结合能和表面熵的影响

$$F = -ND_0 + 3Nk \ln(1 - \mathrm{e}^{-\frac{\Theta_D}{T}}) - NkTD(u) + nkT[3D(u) - 2.7] \tag{5.37}$$

或
$$D(u) = 3u^3 \int_0^u [u^3 / (\mathrm{e}^u - 1)] \mathrm{d}u$$

利用 n 与 N 的关系得

$$F = -U + 3RT \ln(1 - \mathrm{e}^{-\frac{\Theta_D}{T}}) - RTD(u) + \frac{2r_0}{R} \frac{1}{\eta} kT[3D(u) - 2.7] \tag{5.38}$$

或
$$D(u) = 3u^3 \int_0^u [u^3 / (\mathrm{e}^u - 1)] \mathrm{d}u$$

式(5.38)为纳米晶体材料亥姆霍兹自由能尺寸效应数理模型。

本书提供了多种计算纳米晶体材料内能的方法。从任何一种方法入手，都可以获得相互印证。这些方法为解决实际材料问题提供了多种切入点和思路。

5.2.4 吉布斯自由能尺寸效应

由纳米晶体材料吉布斯自由能尺寸效应数理模型计算得到的 Cu 金属纳米粒子吉布斯自由能与粒径的关系如图 5.2 所示，Cu 金属纳米粒子吉布斯自由能的分子动力学模拟数据列于图中[107]。纳米晶体材料吉布斯自由能尺寸效应数理模型给出的预测值与分子动力学模拟值接近，说明数理模型的预测是有效的。图中，纳米晶体材料的晶粒尺寸越小，反应活性越高。吉布斯自由能随晶粒尺寸的减小而减小。

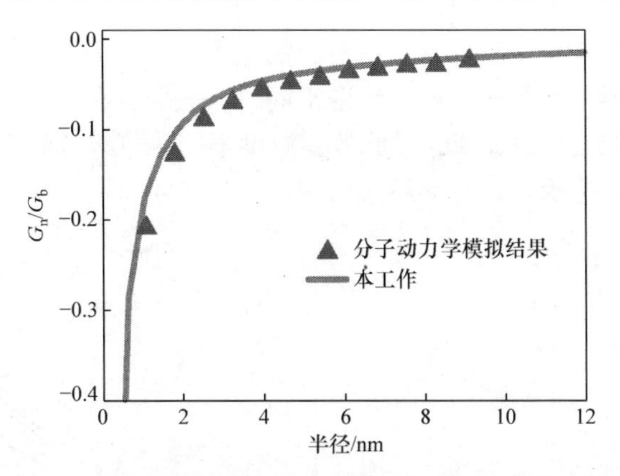

图 5.2　Cu 金属纳米粒子吉布斯自由能与粒径的关系

由纳米晶体材料吉布斯自由能尺寸效应数理模型计算得到的 Co 金属纳米粒子吉布斯自由能与粒径的关系如图 5.3 所示，Co 金属纳米粒子吉布斯自由能的理论计算值列于图中[98]。纳米晶体材料吉布斯自由能尺寸效应数理模型给出的预测值与宋晓艳等的理论值接近，说明数理模型与晶界膨胀模型基本等效。纳米粒子的粒径趋于无穷大，吉布斯自由能趋于零；纳米粒子的粒径逐渐减小，吉布斯自由能趋于负无穷，此时反应活性急剧增加。这一趋势与实际情况吻合：粉尘粒径较小时，遇到明火很容易爆炸，即粉爆现象；粒子尺寸越小，越容易发生团聚现象；粒径越小，反应速率越快等。

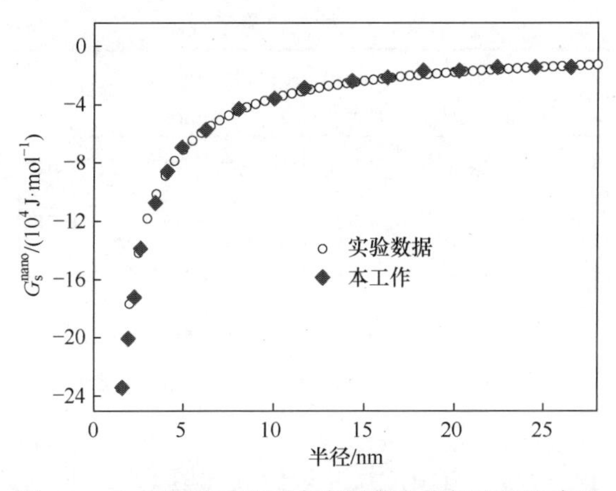

图 5.3　Co 金属纳米粒子吉布斯自由能与粒径的关系

$CaCO_3$ 纳米粒子表面吉布斯自由能与表面积和粒径的实验结果(平衡常数法测定)如图 5.4 所示[90]。图 5.4(a)中，$CaCO_3$ 纳米粒子的表面积与表面吉布斯自由能成正比，误差在可接受范围内，说明式(5.21)是合理的。利用图 5.4(a)可以计算 $CaCO_3$ 纳米粒子的表面张力。结合图 5.4(a)，可得粒径与表面吉布斯自由能的关系。可见，粒径减小，表面吉布斯自由能增大，粒子活性增加。相同温度时，表面吉布斯自由能与粒径成反比；温度不同时，表面吉布斯自由能仍与粒径成反比，强烈说明式(5.27)是合理的。此外，温度不同，直线的斜率不同，说明温度主要对表面张力产生影响，对晶粒热膨胀的作用较小。

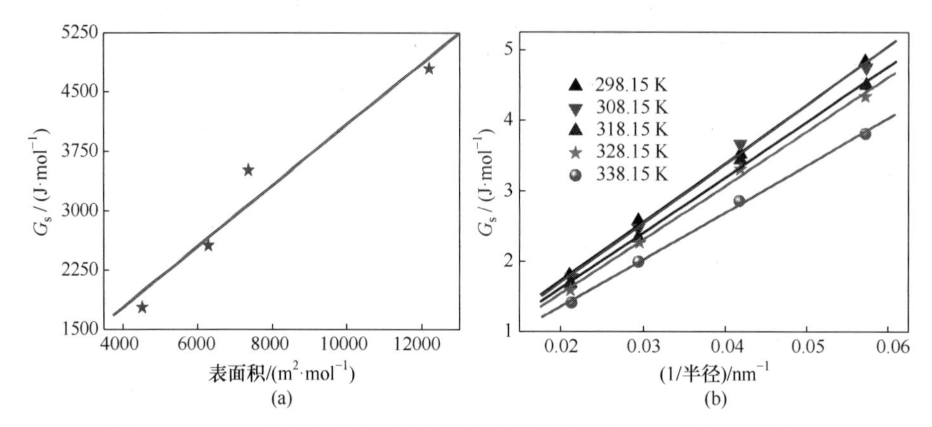

图 5.4　$CaCO_3$纳米粒子表面吉布斯自由能与表面积(a)和粒径(b)的关系

晶体材料发生相变反应时，固相的吉布斯自由能与液相的吉布斯自由能相等。为了进一步探讨吉布斯自由能尺寸效应数理模型的适用范围，In、Ag、Bi、Pb 和 Al 金属纳米粒子的熔点将被仔细地验证。表 5.2 为相关计算参数。

表 5.2　相关计算参数

元素	γ_m^l /(J·m^{-2})	γ_m^s /(J·m^{-2})	$d\gamma^l/dT$ /(J·m^{-2}·K^{-1})	$d\gamma^s/dT$ /(J·m^{-2}·K^{-1})	V_m^l / (m^3·mol^{-1})	δ / K^{-1}	α	T_{mb} / K
In	0.566	0.633	9×10^{-5}	9.7×10^{-5}	16.3×10^{-6}	97×10^{-6}	0.026	430
Ag	0.966	1.205	19×10^{-5}	13×10^{-5}	11.6×10^{-6}	98×10^{-6}	0.0351	1234
Bi	0.378	0.501	7×10^{-5}	7.9×10^{-5}	20.8×10^{-6}	117×10^{-6}	−0.0387	544.5
Pb	0.458	0.56	13×10^{-5}	8.8×10^{-5}	19.4×10^{-6}	124×10^{-6}	0.0381	600.6
Al	0.914	1.14	35×10^{-5}	13.2×10^{-5}	11.3×10^{-6}	150×10^{-6}	0.069	933.3

由纳米晶体材料吉布斯自由能尺寸效应数理模型计算得到的 In 金属纳米粒子吉布斯自由能与温度和粒径的关系如图 5.5 所示，In 金属纳米粒子熔点的实验数据列于图中。图中，固相与液相吉布斯自由能的交点(相等)为熔点。比较可知，理论预测值与实验值基本吻合。吉布斯自由能尺寸效应数理模型也能够计算液相的吉布斯自由能。晶粒尺寸减小，熔化温度降低，该结果与内能/熔点的尺寸效应数理模型结果一致。此外，晶粒尺寸减小，吉布斯自由能升高，材料的热稳定性

降低：2 nm 时，室温下即可发生熔化相变。

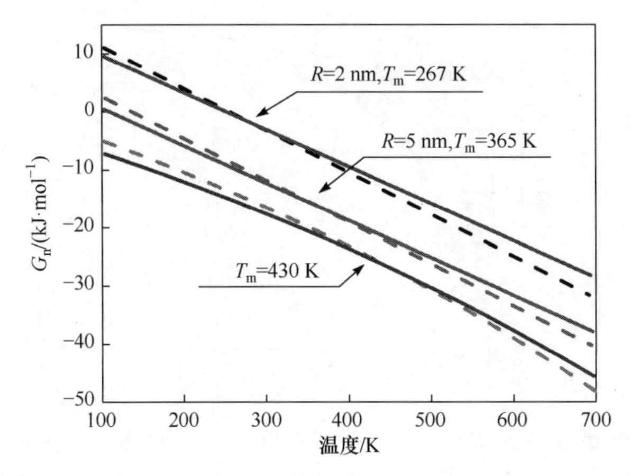

图 5.5　In 金属纳米粒子吉布斯自由能与温度和粒径的关系

由纳米晶体材料吉布斯自由能尺寸效应数理模型计算得到的 Bi 金属纳米粒子熔点和粒径的关系如图 5.6 所示，Bi 金属纳米粒子熔点的实验数据列于图中。比较可知，理论预测值与实验值基本吻合。纳米晶体材料吉布斯自由能尺寸效应数理模型能够准确预测相变规律。

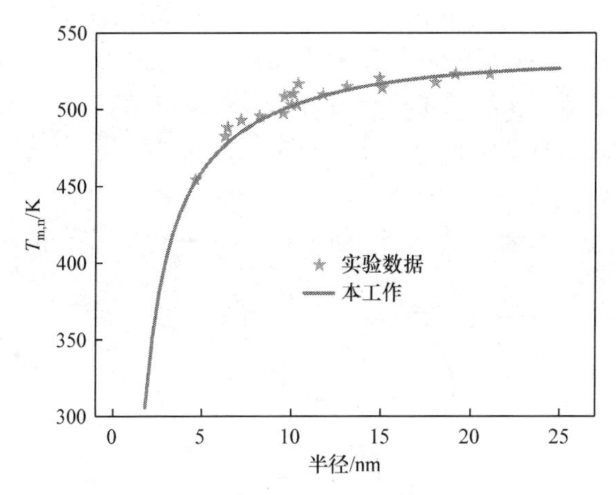

图 5.6　Bi 金属纳米粒子熔点与粒径的关系

由纳米晶体材料吉布斯自由能尺寸效应数理模型计算得到的 In 金属纳米粒子、纳米线和纳米薄膜熔点和纳米尺寸（纳米粒子为晶粒半径、纳米线为底圆半径、纳米薄膜为厚度）的关系如图 5.7 所示，In 金属纳米粒子、纳米线和纳米薄膜熔点的实验数据列于图中。

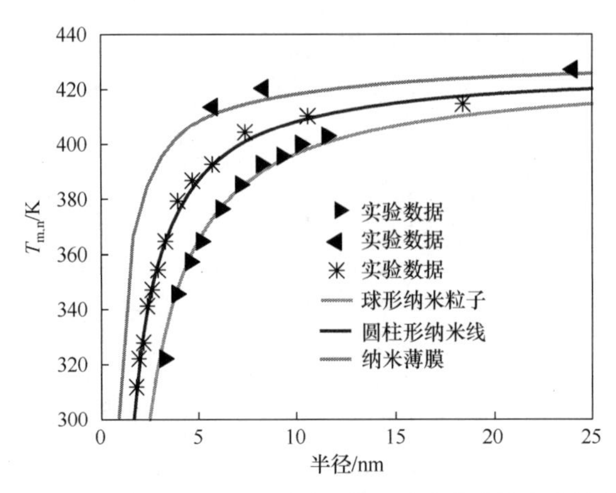

图 5.7　球形 In 金属纳米粒子、圆柱形纳米线和纳米薄膜熔点和纳米尺寸的关系

纳米粒子、纳米线和纳米薄膜的理论预测值与实验值都吻合较好。纳米晶体材料吉布斯自由能尺寸效应，能够准确预测不同维度纳米材料吉布斯自由能的尺寸效应。此外，纳米粒子随粒径的变化最显著，活性最高；纳米薄膜随纳米尺寸的变化最缓慢，稳定性最强。该结论对纳米电极材料及化学反应有指导作用。

由纳米晶体材料吉布斯自由能尺寸效应数理模型计算得到的Ag二十四面体、球形和四面体纳米粒子熔点和纳米尺寸的关系如图 5.8 所示，Ag 二十四面体、球形和四面体纳米粒子熔点的实验数据列于图中。Ag 二十四面体、球形和四面体纳米粒子的理论预测值与实验值都吻合较好。纳米晶体材料吉布斯自由能尺寸效应，能够准确预测不同形状纳米材料吉布斯自由能的尺寸效应。

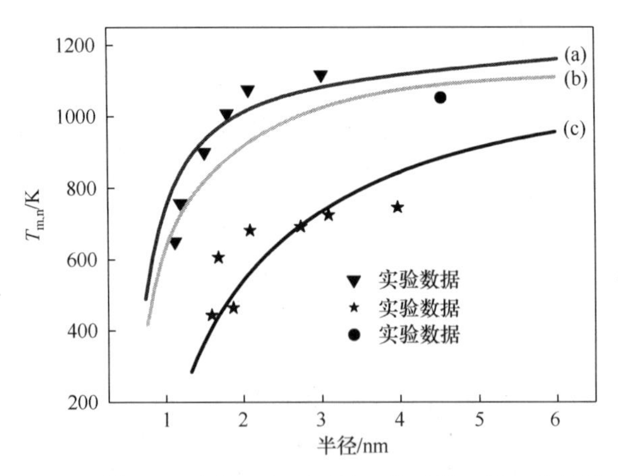

图 5.8　Ag 二十四面体(a)、球形(b)和四面体(c)纳米粒子熔点和纳米尺寸的关系

综合图 5.2～图 5.8 可知，纳米晶体材料吉布斯自由能尺寸效应数理模型可以预测不同维度和形状的纳米材料，固相和液相吉布斯自由能与温度的关系，Cu、

Co、In、Ag 和 Bi 纯金属材料，以及 $CaCO_3$ 化合物纳米粒子，预测范围从原子尺寸到宏观尺度，适用性很强。

以下介绍一些重要的实验分析方法和过程设计思路，可以帮助理解纳米晶体材料的各种特性。

5.2.5　吉布斯自由能电动势分析法

电动势分析法(EMF)测定体系的热力学函数，主要基于 Nernst 方程和可逆电池原理。该方法应用广泛，可以在较宽的温度范围内准确测定电极材料/溶液的热力学性质，如高温氧化动力学、二元/多元相图绘制和化合物生成自由能等。测定基本原理如下[108]：

$$\text{M 电极} \mid \text{MX 溶液} \mid \text{X 电极} \tag{5.39}$$

式中，MX 为溶液/电解质；M 和 X 为电极。通过标定不同温度下的电动势，即可获得溶液和电极的热力学函数。

1. 纳米晶体材料热力学函数的测定

可逆电池的设计和组装是该方法的难点。

电极：选光滑无污染的标准材料作为正极，与之相应的纳米材料作为负极(负极电势较高，失电子被氧化)。例如，测定 Cu 纳米材料的热力学函数，可以选取光滑、纯净的 Cu 板作为正极，纳米 Cu(纳米粒子和纳米线等)作为负极。

电解液/电解质：一般选择测定材料的强电解质盐，如 $CuSO_4$ 溶液。需要注意的是，在测定二元和多元相图时，也可以使用固态电解质进行测量。

参比电极：一般选取饱和甘汞电极为参比电极。

2. 电动势与热力学函数的关系

电极反应稳定后，使用电化学工作站测试二电极体系中的开路电位和温度的关系，记录实验数据。

开路电位与温度的关系一般为 $E^{\ominus} = a + bT$ 形式，其斜率 $E^{\ominus}/T$ 是计算热力学函数的关键[109]。

根据 Nernst 方程，纳米晶体材料的熵为

$$\Delta S_{\mathrm{m}}^{\ominus} = \Delta S_{\mathrm{m,bulk}}^{\ominus} - \Delta S_{\mathrm{m,nano}}^{\ominus} = zF(E^{\ominus}/T)_{\mathrm{p}} \tag{5.40}$$

纳米晶体材料的吉布斯自由能为

$$(\Delta_{\mathrm{r}} G)_{T,p} = -zF(E^{\ominus}/T)_{p} = \Delta_{\mathrm{f}} G_{\mathrm{m,bulk}}^{\ominus} - \Delta_{\mathrm{f}} G_{\mathrm{m,nano}}^{\ominus} \tag{5.41}$$

纳米晶体材料的焓为

$$(\Delta_r G)_{T,p} = \Delta H - T\Delta S = \Delta_f H^{\ominus}_{m,bulk} - \Delta_f H^{\ominus}_{m,nano} - T\Delta S^{\ominus}_{m,bulk} \tag{5.42}$$

式中，$\Delta S^{\ominus}_{m,bulk}$、$\Delta_f G^{\ominus}_{m,bulk}$ 和 $\Delta_f H^{\ominus}_{m,bulk}$ 分别为块体材料的标准摩尔熵、标准摩尔生成吉布斯自由能和标准摩尔生成焓，可查表获得。因此，纳米晶体材料的标准摩尔熵 $\Delta S^{\ominus}_{m,nano}$、标准摩尔生成吉布斯自由能 $\Delta G^{\ominus}_{f,nano}$ 和标准摩尔生成焓 $\Delta H^{\ominus}_{f,nano}$ 可以算出。

该方法可广泛应用于不同形貌、尺寸、结构的纳米材料标准电极电势及纳米材料规定热力学函数的研究，比微量热法更准确[110-111]。

5.2.6 吉布斯自由能微量热分析法

人们在自然界中所观察到的任何现象，如物理变化、化学变化、生物代谢等过程均有热效应的发生，由热效应数据可计算热力学参数、平衡常数和键能等。测量物质物态变化和化学反应过程放出或吸收的热量称为量热。它是重要的物理化学实验方法和实验技术。

1. *热动力学 Tian 方程*

热动力学 Tian 方程是研究化学反应热动力学机理的重要方程。对等温等压下的任一不可逆反应

$$A(aq) + B(aq) \text{ 或 } B(s) \xrightarrow[\tau]{k[AB]^{\neq}} C + \text{热量} \tag{5.43}$$

$\tau = 0$ 时	$C_0=1$	则 $C^{\neq}=0$	$\alpha=0$	$H_0=0$
$\tau = t$ 时	C_i		α_i	H_i
$\tau = \infty$时	$C_\infty=0$		$\alpha_\infty=1$	H_∞

因此，反应进度与反应能量的关系为

$$\frac{C_0 - C_i}{C_0 - C_\infty} = \frac{0-\alpha_i}{0-\alpha_\infty} = \frac{0-H_i}{0-H_\infty} \tag{5.44}$$

即 $\alpha_i = H_i / H_\infty$，于是

$$\frac{d\alpha_i}{dt} = \frac{1}{H_\infty}\frac{dH_i}{dt} \tag{5.45}$$

将式(5.44)和式(5.45)代入 n 级速率方程

$$\frac{d\alpha_i}{dt} = k(1-\alpha_i)^n \tag{5.46}$$

可得

$$\frac{1}{H_\infty}\frac{\mathrm{d}H_i}{\mathrm{d}t}=k(1-\frac{H_i}{H_t})^n \quad 或 \quad \ln\left(\frac{1}{H_\infty}\frac{\mathrm{d}H_i}{\mathrm{d}t}\right)=\ln k+n\ln\left(1-\frac{H_i}{H_t}\right) \tag{5.47}$$

式中,利用最小二乘法拟合,可以获得反应速率常数(截距 k)和反应级数(斜率 n)。

2. 过渡态理论

式(5.47)中，不同温度下的反应速率 k，可以利用阿伦尼乌斯公式计算

$$\ln k=\ln A-\frac{E}{RT} \tag{5.48}$$

根据过渡态理论、量子理论和能量分布定理

$$-\frac{\mathrm{d}[\mathrm{AB}]}{\mathrm{d}t}=\frac{C^{\neq}}{\tau}=C^{\neq}\nu=\nu[\mathrm{AB}]^{\neq}=\frac{k_{\mathrm{B}}T}{h}[\mathrm{AB}]^{\neq}=\frac{RT}{N_{\mathrm{A}}h}=[\mathrm{AB}]^{\neq} \tag{5.49}$$

式中，ν 为振动频率，每振动一次引起一个 $C^{\neq}$ 解离；$\varepsilon=h\nu/2$(振动自由度的能量)；h 为普朗克常量。

根据化学反应速率与反应常数的关系

$$-\frac{\mathrm{d}[\mathrm{AB}]}{\mathrm{d}t}=k[\mathrm{A}][\mathrm{B}]\text{，}[\mathrm{A}][\mathrm{B}]^{\neq}=K^{\neq}[\mathrm{A}][\mathrm{B}] \tag{5.50}$$

于是

$$k=\frac{RT}{N_{\mathrm{A}}h}K^{\neq} \tag{5.51}$$

利用

$$\Delta G^{\neq}=-RT\ln K^{\neq}\text{，}\Delta G^{\neq\ominus}=\Delta H^{\neq\ominus}-T\Delta S^{\neq\ominus} \tag{5.52}$$

可以改写为

$$k=\frac{RT}{N_{\mathrm{A}}h}\exp(-\frac{\Delta G^{\neq\ominus}}{RT})=\frac{RT}{N_{\mathrm{A}}h}\exp(\frac{T\Delta S^{\neq\ominus}-\Delta H^{\neq\ominus}}{RT}) \tag{5.53}$$

代回式(5.49)得

$$\ln\frac{k}{T}=\frac{k_{\mathrm{B}}}{h}+\frac{\Delta S^{\neq\ominus}}{R}-\frac{\Delta H^{\neq\ominus}}{RT} \tag{5.54}$$

根据 $\ln k/T$ 与 $1/T$ 的关系，利用最小二乘法拟合，可以获得活化焓 $\Delta H^{\neq\ominus}$ (斜率)，进而联立热动力学 Tian 方程，可以求得活化熵、活化吉布斯自由能和速率常数等参数。

3. 纳米材料活化吉布斯自由能

纳米晶体材料和块体材料发生相同的化学反应时，其过渡态相同。因此

$$\Delta_r G^{\ominus}_{m,nano} - \Delta_r G^{\ominus}_{m,bulk} = \Delta_r^{\neq} G^{\ominus}_{m,bulk} - \Delta_r^{\neq} G^{\ominus}_{m,nano} \tag{5.55}$$

根据过渡态理论[112]，反应速率与活化吉布斯自由能的关系

$$k = K\exp(-\frac{\Delta_r^{\neq} G^{\ominus}_m}{RT}) \tag{5.56}$$

式中，K为常数。

于是，式(5.55)可改写为

$$\Delta_r G^{\ominus}_{m,nano} - \Delta_r G^{\ominus}_{m,bulk} = RT(\ln k_{bulk} - \ln k_{nano}) \tag{5.57}$$

$$\Delta_f G^{\ominus}_{m,nano} - \Delta_f G^{\ominus}_{m,bulk} = -RT(\ln k_{bulk} - \ln k_{nano}) \tag{5.58}$$

5.2.7　吉布斯自由能化学平衡分析法

吉布斯自由能的化学平衡分析法原理与微量热法有相同之处。利用式(5.52)，根据纳米材料和块体材料在不同温度下的标准平衡常数，可以获得不同温度下纳米晶体材料和块体材料的标准摩尔反应吉布斯自由能，并给出体系的标准摩尔生成吉布斯自由能、标准摩尔熵和标准摩尔生成焓。

5.3　纳米晶体材料熵特性

5.3.1　数理模型介绍

纳米晶体材料实验方面的研究已经在吉布斯自由能特性一节介绍，本节熵特性和下一节焓特性将不再赘述。

1. 统计熵

在统计热力学中，系统的熵是各部分熵值之和

$$S = k\ln\frac{Z^N}{N!} + NkT(\frac{\partial \ln Z}{\partial T})_{V,N}$$
$$S = S^l + S^r + S^v + S^n + S^e \tag{5.59}$$

式中，k为玻尔兹曼常量；N为原子数；V为体积；T为热力学温度；Z为配分函数。S^l为平动熵；S^r为转动熵；S^v为振动熵；S^n为核熵；S^e为电子熵，且配分函数满足以下关系

$$S^l = k\ln\frac{Z_1^N}{N!} + NkT(\frac{\partial \ln Z_1}{\partial T})_{V,N} \tag{5.60}$$

$$S^{\mathrm{r}} = k\ln\frac{Z_{\mathrm{r}}^N}{N!} + NkT\left(\frac{\partial \ln Z_{\mathrm{r}}}{\partial T}\right)_{V,N} \tag{5.61}$$

$$S^{\mathrm{v}} = k\ln\frac{Z_{\mathrm{v}}^N}{N!} + NkT\left(\frac{\partial \ln Z_{\mathrm{v}}}{\partial T}\right)_{V,N} \tag{5.62}$$

$$S^{\mathrm{e}} = k\ln\frac{Z_{\mathrm{e}}^N}{N!} + NkT\left(\frac{\partial \ln Z_{\mathrm{e}}}{\partial T}\right)_{V,N} \tag{5.63}$$

$$S^{\mathrm{n}} = k\ln\frac{Z_{\mathrm{n}}^N}{N!} + NkT\left(\frac{\partial \ln Z_{\mathrm{n}}}{\partial T}\right)_{V,N} \tag{5.64}$$

由式(5.60)～式(5.64)可见，熵值取决于配分函数，其宏观体现为特性函数，其微观规律为能态密度。一般来说，起主要作用的是振动熵(二元系还有混合熵等)。

2. 振动熵

1934 年，Mott 根据简谐振子模型，利用统计热力学提出了振动熵模型[113]，并认为

$$\Delta S = 3R\ln\frac{\nu_{\mathrm{s}}}{\nu_{\mathrm{l}}} \tag{5.65}$$

式中，ΔS 为熔化熵；R 为摩尔气体常量；ν_{s} 为晶体材料的振动频率；ν_{l} 为液体材料的振动频率。

由于熔化时 T=T_{m} 不变，处在液态金属内的原子谐振能量等于处在晶态内的，即有

$$\sqrt{\left\langle \mu_{\mathrm{l}}^2 \right\rangle}\nu_{\mathrm{l}} = \sqrt{\left\langle \mu_{\mathrm{s}}^2 \right\rangle}\nu_{\mathrm{s}} \tag{5.66}$$

式中，$\sqrt{\left\langle \mu_{\mathrm{l}}^2 \right\rangle}$ 和 $\sqrt{\left\langle \mu_{\mathrm{s}}^2 \right\rangle}$ 分别为液态内和晶态内原子振动振幅，于是

$$\Delta S = 3R\ln\sqrt{\left\langle \mu_{\mathrm{l}}^2 \right\rangle / \left\langle \mu_{\mathrm{s}}^2 \right\rangle} \tag{5.67}$$

3. 振动熵与电阻率

洪永炎等[114]和 Mott 等[115]发现，熔化时原子振动振幅的改变反映在其电阻率变大。在高温下，导电电子波函数受原子热振动而被散射的概率与原子振动的振幅平方成正比。

$$\frac{\rho_{\mathrm{l}}}{\rho_{\mathrm{s}}} = \frac{\left\langle \mu_{\mathrm{l}}^2 \right\rangle}{\left\langle \mu_{\mathrm{s}}^2 \right\rangle} \tag{5.68}$$

式中，ρ_l 和 ρ_s 分别为熔化时液态金属和晶态金属的电阻率。

4. 熵的尺寸效应数理模型

蒋青等[116-119]根据 Mott 振动熵模型，给出

$$S_{vib} = \frac{3k}{2} \times \ln\left[T_{m,b} \cdot \left(\frac{C_{s,b}}{C_{l,b}} \right)^2 \cdot \frac{\pi^4 \cdot M}{(6N_0)^3} \right] \tag{5.69}$$

式中，S_{vib} 为振动熵；$C_{s,b}$ 和 $C_{l,b}$ 分别为固体和液体中的波速；$T_{m,b}$ 为固体材料的熔点；N_0 为阿伏伽德罗常量；M 为摩尔分数；k 为玻尔兹曼常量。

因此

$$S_{vib,n} / S_{vib,b} = 1 - 1/(R/r_0 - 1) \tag{5.70}$$

对式(5.70)求极限，可知粒子半径 R 和原子半径 r_0 相差较大时，式(5.70)趋近于 1(该趋势符合 Guisbiers 模型)[106]。

5.3.2 熵尺寸效应数理模型

根据 Mott 振动熵模型，纳米晶体材料的振动频率与液态材料的振动频率为

$$\Delta S = 3R\ln\frac{\nu_n}{\nu_l} \tag{5.71}$$

利用式(4.15)(德拜温度与振动频率的关系 $\Theta_D \propto \nu_D$)，因此块体材料的振动熵到纳米材料的振动熵变为

$$\Delta S = S_n - S_b = 3R\ln\frac{\Theta_{D,n}}{\Theta_{D,b}} = \frac{3}{2}R\ln\frac{T_{m,n}}{T_{m,b}} \tag{5.72}$$

对于纳米粒子

$$S_n = \frac{3}{2}R\ln(1 - \frac{\mathrm{CN}}{4}\cdot\frac{r_0}{R}\cdot\frac{1}{\eta}\cdot\frac{\rho_b}{\rho_n}) + S_b \tag{5.73}$$

根据 $\ln(x)$ 函数的特点，式(5.73)中 x 恒小于 1，第一项恒为负，即纳米粒子的熵值小于块体材料。特别地，当粒子半径无穷大时，纳米粒子熵等于块体材料。

5.3.3 熵尺寸效应

由熵的尺寸效应数理模型计算得到的 Cu 金属纳米粒子熵与粒径的关系如图 5.9 所示，Cu 金属纳米粒子熵的分子动力学数据[120]列于图中。可以看出，熵的尺寸效应数理模型与分子动力学模拟结果接近，说明模型具有较好的准确性。

此外，图中计算值比分子动力学给出的数据略小，这是因为系统总的熵值包

含五个部分，而模型只考虑振动熵而忽略了其他四个部分。Cu 金属纳米粒子的粒径从 12 nm 到 1 nm 范围，熵值总的变化不到 4 J · K^{-1}，变化十分微小，故通常在粗略计算时可以忽略不计。

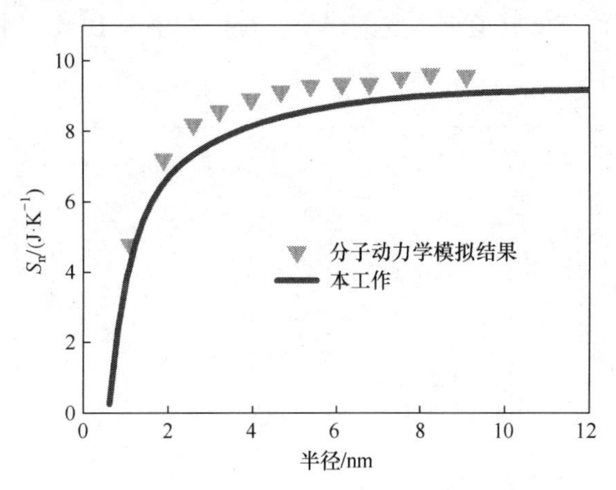

图 5.9　Cu 金属纳米粒子熵与粒径的关系

由熵的尺寸效应数理模型计算得到的 Al 金属纳米粒子熵与粒径的关系如图 5.10 所示，Al 金属纳米粒子熵的第一性原理数据[118]和实验数据[116]列于图中。可见，熵的尺寸效应数理模型与第一性原理结果和实验值基本吻合：计算值比第一性原理结果略小，比实验值略高，介于第一性原理结果和实验值之间。计算值比第一性原理结果略小是熵值未考虑完全的缘故，而比实验值略高是由实验因素较为复杂导致的。综上所述，熵的尺寸效应数理模型能够较好地反映熵的尺寸效应规律。由于熵值不大，因此 Al 金属纳米粒子的熵值变化不够显著。

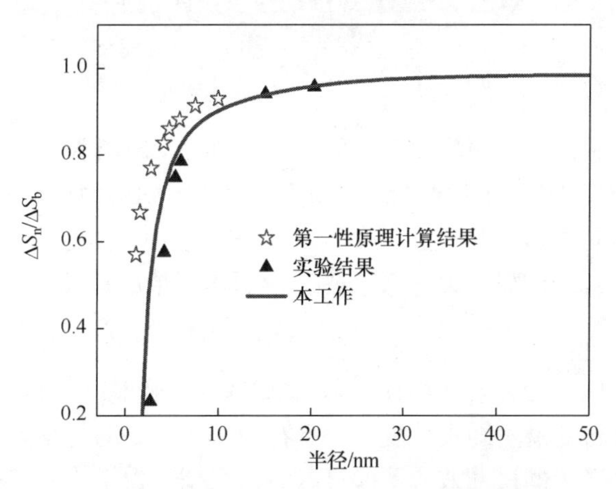

图 5.10　Al 金属纳米粒子熵与粒径的关系

由熵的尺寸效应数理模型计算得到的 Sn 金属纳米粒子熵与粒径的关系如图 5.11 所示，Sn 金属纳米粒子熵的实验数据[14]列于图中。图中熵的尺寸效应数理模型与实验值基本吻合。粒径大于 30 nm 时，计算值与实验值吻合非常好；粒径在 10～30 nm 时，计算值与实验值有一定的误差；粒径在小于 10 nm 时，计算值与实验值接近。

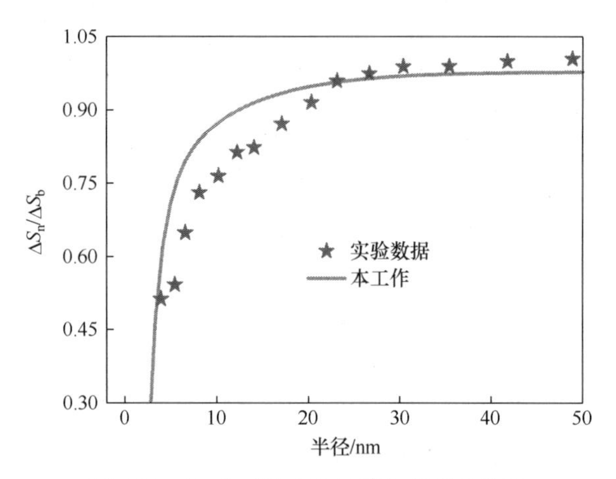

图 5.11　Sn 金属纳米粒子熵与粒径的关系

综合图 5.9～图 5.11 可见，实验值与计算值出现的偏差，可能是实验因素导致的，与模型精度无关。可以认为，熵的尺寸效应数理模型可以准确计算各种纳米粒子熵随粒径的变化规律。

5.4　纳米晶体材料焓特性

5.4.1　数理模型介绍

熵和焓都是非常重要的热力学参数，它们直接影响材料的相变过程。一些研究者意识到,表面吉布斯自由能是纳米晶体材料热力学特性发生变化的根本原因。由于纳米粒子的晶体体积/密度随晶体尺寸的变化较小，因此熵变很小。例如，罗文华等[103]和 Guisbiers 等[106]基于表面热力学提出了焓的尺寸效应模型

$$\Delta H_n / \Delta H_b = \Delta T_n / \Delta T_b \tag{5.74}$$

式中，ΔH_n、ΔH_b、ΔT_n 和 ΔT_b 分别为纳米晶体材料和块体材料的焓和熔点。模型认为，晶体材料的熵不随尺寸变化，且在 10 nm 以上时的精度较高。

可以发现，当熵的尺寸效应不够显著时，根据热力学第一定律，系统的吉布斯自由能和亥姆霍兹自由能近似等于焓变。

5.4.2　焓尺寸效应数理模型

基于两相熔化准则，块体材料在发生固液相变时，固相的吉布斯自由能应等于液相的吉布斯自由能

$$G_{\mathrm{l}}^{\mathrm{bulk}}-G_{\mathrm{s}}^{\mathrm{bulk}}=0 \quad 即 \quad H_{T_{\mathrm{m}}}^{\mathrm{bulk}}-T_{\mathrm{m}}\cdot S_{T_{\mathrm{m}}}^{\mathrm{bulk}}=0 \tag{5.75}$$

式中，$G_{\mathrm{l}}^{\mathrm{bulk}}$ 为块体材料液相的吉布斯自由能；$G_{\mathrm{s}}^{\mathrm{bulk}}$ 为块体材料固相时的吉布斯自由能；T_{m} 为块体材料的熔点；$H_{T_{\mathrm{m}}}^{\mathrm{bulk}}$ 和 $S_{T_{\mathrm{m}}}^{\mathrm{bulk}}$ 分别为块体材料的焓和熵。

类似地，对于纳米晶体材料

$$G_{\mathrm{l}}^{\mathrm{nano}}-G_{\mathrm{s}}^{\mathrm{nano}}=0 \quad 即 \quad H_{T_{\mathrm{m}}}^{\mathrm{nano}}-T_{\mathrm{m}}\cdot S_{T_{\mathrm{m}}}^{\mathrm{nano}}=0 \tag{5.76}$$

式中，$G_{\mathrm{l}}^{\mathrm{nano}}$ 为纳米晶体材料液相的吉布斯自由能；$G_{\mathrm{s}}^{\mathrm{nano}}$ 为纳米晶体材料固相时的吉布斯自由能；T_{m} 为纳米材料的熔点；$H_{T_{\mathrm{m}}}^{\mathrm{nano}}$ 和 $S_{T_{\mathrm{m}}}^{\mathrm{nano}}$ 分别为纳米材料的焓和熵。

在标准大气压下，式(5.76)对于任何温度都是成立的。根据表面热力学

$$G_{\mathrm{l}}^{\mathrm{nano}}=G_{\mathrm{l}}^{\mathrm{bulk}}+\gamma_{\mathrm{l}}^{\mathrm{nano}}\cdot\Delta A_{\mathrm{l}}^{\mathrm{nano}} \tag{5.77}$$

式中，$\gamma_{\mathrm{l}}^{\mathrm{nano}}$ 为纳米晶体材料液相的表面张力；$\Delta A_{\mathrm{l}}^{\mathrm{nano}}$ 为纳米晶体材料液相新增加的表面积。

在固体中

$$G_{\mathrm{s}}^{\mathrm{nano}}=G_{\mathrm{s}}^{\mathrm{bulk}}+\gamma_{\mathrm{s}}^{\mathrm{nano}}\cdot\Delta A_{\mathrm{s}}^{\mathrm{nano}} \tag{5.78}$$

式中，$\gamma_{\mathrm{s}}^{\mathrm{nano}}$ 为纳米晶体材料固相的表面张力；$\Delta A_{\mathrm{s}}^{\mathrm{nano}}$ 为纳米晶体材料固相新增加的表面积。

也就是说

$$G_{\mathrm{l}}^{\mathrm{nano}}-G_{\mathrm{s}}^{\mathrm{nano}}=G_{\mathrm{l}}^{\mathrm{bulk}}-G_{\mathrm{s}}^{\mathrm{bulk}}+\left(\sigma_{\mathrm{l}}^{\mathrm{nano}}\cdot\Delta A_{\mathrm{l}}^{\mathrm{nano}}-\sigma_{\mathrm{s}}^{\mathrm{nano}}\cdot\Delta A_{\mathrm{s}}^{\mathrm{nano}}\right) \tag{5.79}$$

$$G_{\mathrm{l}}^{\mathrm{bulk}}-G_{\mathrm{s}}^{\mathrm{bulk}}=G_{\mathrm{l}}^{\mathrm{nano}}-G_{\mathrm{s}}^{\mathrm{nano}}-\left(\sigma_{\mathrm{l}}^{\mathrm{nano}}\cdot\Delta A_{\mathrm{l}}^{\mathrm{nano}}-\sigma_{\mathrm{s}}^{\mathrm{nano}}\cdot\Delta A_{\mathrm{s}}^{\mathrm{nano}}\right) \tag{5.80}$$

在块体材料熔点 T_{∞} 时

$$\sigma_{\mathrm{l}}^{\mathrm{nano}}\cdot\Delta A_{\mathrm{l}}^{\mathrm{nano}}-\sigma_{\mathrm{s}}^{\mathrm{nano}}\cdot\Delta A_{\mathrm{s}}^{\mathrm{nano}}=H_{T_{\infty}}^{\mathrm{nano}}-T_{\infty}\cdot S_{T_{\infty}}^{\mathrm{nano}} \tag{5.81}$$

与此同时

$$\sigma_{\mathrm{l}}^{\mathrm{nano}}\cdot\Delta A_{\mathrm{l}}^{\mathrm{nano}}-\sigma_{\mathrm{s}}^{\mathrm{nano}}\cdot\Delta A_{\mathrm{s}}^{\mathrm{nano}}=T_{\mathrm{m}}\cdot S_{T_{\mathrm{m}}}^{\mathrm{bulk}}-H_{T_{\mathrm{m}}}^{\mathrm{bulk}} \tag{5.82}$$

为处理方便，根据式(5.82)可以定义

$$k=T_{\infty}\cdot S_{T_{\mathrm{m}}}^{\mathrm{bulk}}\Big/H_{T_{\mathrm{m}}}^{\mathrm{bulk}} \tag{5.83}$$

可以发现，当晶粒尺寸较大时，k 值近似为 1，进而

$$\left(\sigma_{\mathrm{l}}^{\mathrm{nano}}\cdot\Delta A_{\mathrm{l}}^{\mathrm{nano}}-\sigma_{\mathrm{s}}^{\mathrm{nano}}\cdot\Delta A_{\mathrm{s}}^{\mathrm{nano}}\right)\Big/H_{T_{\mathrm{m}}}^{\mathrm{bulk}}=k\cdot T_{\mathrm{m}}/T_{\infty}-1 \tag{5.84}$$

忽略 k 的影响[根据式(5.70)和式(5.73)]，则式(5.84)变为

$$H_{T_{\infty}}^{\mathrm{nano}}\Big/H_{T_{\mathrm{m}}}^{\mathrm{bulk}}=T_{\mathrm{m}}/T_{\infty}+S_{T_{\infty}}^{\mathrm{nano}}\Big/S_{T_{\mathrm{m}}}^{\mathrm{bulk}}-1 \tag{5.85}$$

可见，根据式(5.70)和式(5.73)，纳米晶体材料的焓变与熔点成正比，进而与内能、吉布斯自由能和亥姆霍兹自由能也成正比

$$\frac{H_{T_{\infty}}^{\mathrm{nano}}}{H_{T_{\mathrm{m}}}^{\mathrm{bulk}}}=1-\frac{\mathrm{CN}}{4}\cdot\frac{r_0}{R}\cdot\frac{1}{\eta}\cdot\frac{\rho_{\mathrm{b}}}{\rho_{\mathrm{n}}} \tag{5.86}$$

式(5.86)为纳米晶体材料焓的尺寸效应数理模型。

5.4.3 焓尺寸效应

由纳米晶体材料焓的尺寸效应数理模型计算得到的 Cu 金属纳米粒子焓与粒径的关系如图 5.12 所示，Cu 金属纳米粒子焓的分子动力学模拟结果[120]和 Shandiz 等[36-37]的模型预测值列于图中。图中，分子动力学模拟结果比实际预测值低，而纳米晶体材料焓的尺寸效应数理模型计算结果比 Jiang 的模型高。模型在 1～5 nm 范围内，分子动力学模拟结果与预测值基本吻合；模型在 5～10 nm 范围内，分子动力学模拟结果略低于理论预测值。这是因为模型在计算时未充分考虑振动熵的问题。综上，纳米晶体材料焓的尺寸效应数理模型能够较好地处理实际纳米晶体材料焓变。

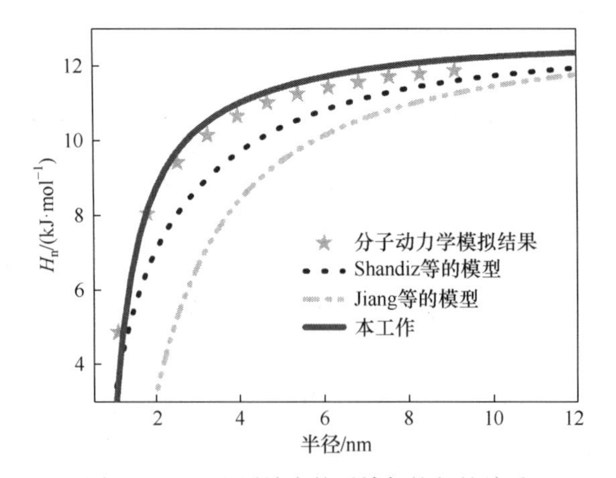

图 5.12　Cu 金属纳米粒子焓与粒径的关系

由纳米晶体材料焓的尺寸效应数理模型计算得到的 Sn 金属纳米粒子焓与粒

径的关系如图 5.13 所示，Sn 金属纳米粒子焓的实验结果[14]列于图中。实验结果分布在预测值两侧，在 1～20 nm 范围内，实验结果与计算值完全吻合，在 20～50 nm 范围内，实验结果略大于计算值。这可能是由实验因素导致的。实验过程中，纳米晶体材料的热力学特性受到很多方面的作用，如粒径、形状、晶面、温度和检测条件等因素；而第一性原理和分子动力学计算中，纳米晶体材料的热力学特性也不能建立完全真实的纳米晶体材料模型，尤其是内部空位和残余应力等多因素的作用下，因此利用热力学建模解析有其便捷之处。

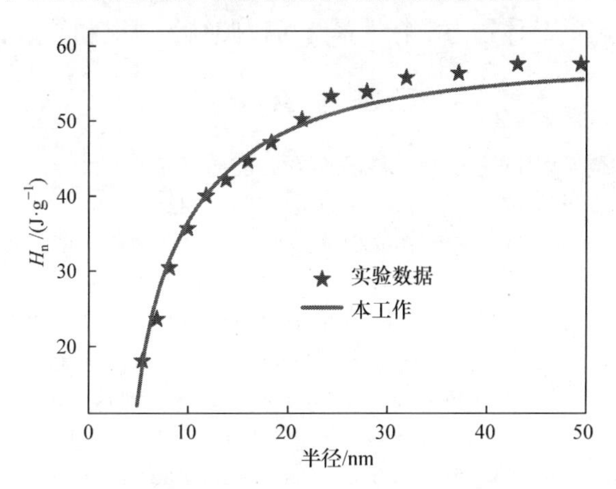

图 5.13　Sn 金属纳米粒子焓与粒径的关系

由纳米晶体材料焓的尺寸效应数理模型计算得到的各种高分子纳米线焓与纳米尺寸的关系如图 5.14 所示，高分子纳米线焓的实验结果[121-122]列于图中。在 0～4 nm 范围内，所有的实验结果都与纳米晶体材料焓的尺寸效应数理模型结果吻合。

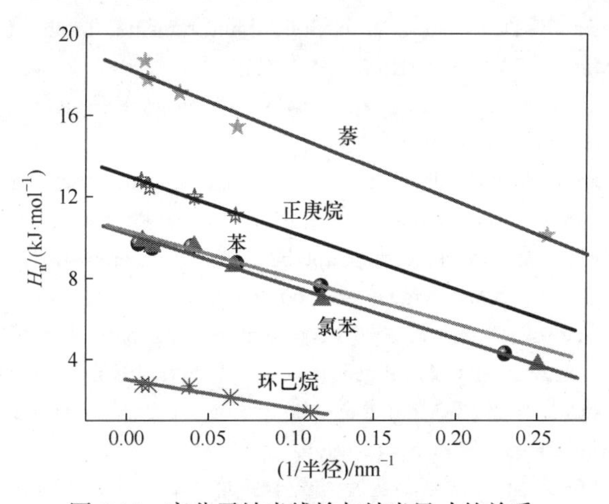

图 5.14　高分子纳米线焓与纳米尺寸的关系

可以发现，各种高分子纳米线的焓值与纳米尺寸的倒数成正比，与式(5.86)的趋势一致。高分子纳米晶体材料的热力学特性也能被模型准确预测，这是因为高分子材料组成晶体后，仍然满足空位理论和德拜理论。

综合图 5.2～图 5.13，结合能是固体材料中拆分所有原子所需要的能量(熔点为部分原子键的断裂和拆分，内能为所有原子动能和势能的总和)，而拆分过程中增加了系统的表面积和表面吉布斯自由能,即表面吉布斯自由能与结合能成正比。焓为恒压拆分过程中体系吸收的热量。熵为改变系统有序度所需要的能量。也就是说，纳米晶体材料的晶体热力学特性最终可以归结为键能和晶体结构的变化。

参 考 文 献

[1] 萧功伟. 改进的金属熔化热公式[J]. 科学通报, 1987, 9: 669-671.
[2] 萧功伟. 改进的金属升华热公式[J]. 科学通报, 1983, 2: 82-83.
[3] 萧功伟. 金属 Debye 温度的新表示法及其与实验数据的比较[J]. 科学通报, 1987, 20: 1542-1544.
[4] 梅平. 金属键能、熔、沸点之间的相互关系[J]. 江汉大学学报, 1991, 8(1): 5-9.
[5] 舒元梯. 计算金属升华热和熔化热的一种新的经验公式[J]. 科学通报, 1990, 6: 478-479.
[6] Vollath D, Fischer F D. Fluctuations, bistability and hysteresis connected to phase transformations of nanoparticles[J]. Progress in Materials Science, 2011, 56(7): 1030-1076.
[7] Mieko T. Electron-diffraction study of liquid-solid transition of thin metal films[J]. Journal of the Physical Society of Japan, 1954, 9(3): 359-363.
[8] Kim H K, Huh S H, Park J W, et al. The cluster size dependence of thermal stabilities of both molybdenum and tungsten nanoclusters[J]. Chemical Physics Letters, 2002, 354: 165-172.
[9] Allen G L, Bayles R A, Gile W W, et al. Small particle melting of pure metals[J]. Thin Solid Films, 1986, 144(2): 297-308.
[10] David T B, Lereah Y, Deutscher G, et al. Solid-liquid transition in ultra-fine lead particles[J]. Philosophical Magazine A, 1995, 71(5): 1135-1143.
[11] Krausch G, Detzel T, Bielefeldt H, et al. Growth and melting behaviour of thin in films on Ge (100)[J]. Applied Physics A, 1991, 53: 324-329.
[12] Zhang M, Efremov M Y, Schiettekatte F, et al. Size-dependent melting point depression of nanostructures: Nanocalorimetric measurements[J]. Physical Review B, 2000, 62: 10548.
[13] Grabaek L, Bohr J, Johnson E, et al. Superheating and supercooling of lead precipitates in aluminum[J]. Physical Review Letters, 1990, 64: 934-937.
[14] Lai S, Guo J, Petrova V, et al. Size dependent melting properties of small tin particles: Nanocalorimetric measurements[J]. Physical Review Letters, 1996, 77(1): 99-102.
[15] Saka H, Nishikawa Y, Imura T. Melting temperature of In particles embedded in an Al matrix[J]. Philosophical Magazine A, 1988, 57: 895-906.
[16] 沈通. 铁纳米颗粒及体材料固液相变过程的分子动力学研究[D]. 上海: 上海大学, 2013.
[17] 魏岚. 合金纳米颗粒的结构和热力学特征[D]. 上海: 华东师范大学, 2011.
[18] Mei Q S, Lu K. Melting and superheating of crystalline solids: From bulk to nanocrystals[J].

Progress in Materials Science, 2007, 52(8): 1175-1262.

[19] Lindemann F A. The calculation of molecular eigen-frequencies[J]. Physics Z, 1910, 11(14): 609-612.

[20] Born M. Thermodynamics of crystals and melting[J]. The Journal of Chemical Physics, 1939, 7(8): 591-603.

[21] Tallon J L. A hierarchy of catastrophes as a succession of stability limits for the crystalline state[J]. Nature, 1989, 342(6250): 658-660.

[22] Dash J G. History of the search for continuous melting[J]. Reviews of Modern Physics, 1999, 71(5): 1737-1743.

[23] Wang L W, Wang Q, Lu K Q. Melting of superheated crystals initiates on vacancies[J]. Philosophical Magazine Letters, 2005, 85: 213-217.

[24] Karch J, Birringer R, Gleiter H. Ceramics ductile at low temperature[J]. Nature, 1987, 330: 556-558.

[25] Shi F G. Size dependent thermal vibrations and melting in nanocrystals[J]. Journal of Materials Research, 1994, 9(5): 1307-1314.

[26] Zhang Z, Li J C, Jiang Q. Modelling for size-dependent and dimension-dependent melting of nanocrystals[J]. Journal of Physics D, 2000, 33: 2653-2656.

[27] 李爽. 纳米晶体材料热稳定性与结构相变[D]. 长春: 吉林大学, 2008.

[28] Qi W H, Wang M P. Size and shape dependent melting temperature of metallic nanoparticles[J]. Materials Chemistry and Physics, 2004, 88: 280-284.

[29] Qi W H. Nanoscopic thermodynamics[J]. Accounts of Chemical Research, 2016, 49(9): 1587-1595.

[30] Vanithakumari S C, Nanda K K. Phenomenological predictions of cohesive energy and structural transition of nanoparticles[J]. Journal of Physical Chemistry B, 2006, 110: 1033-1037.

[31] Vanithakumari S C, Nanda K K. A universal relation for the cohesive energy of nanoparticles[J]. Physics Letters A, 2008, 372(46): 6930-6934.

[32] Bréchignac C, Busch H, Cahuzac P H, et al. Dissociation pathways and binding energies of lithium clusters from evaporation experiments[J]. The Journal of Chemical Physics, 1994, 108(1): 6992-7002.

[33] Ngher U, Bjnrrnholm S, Frauendorf S, et al. Fission of metal clusters[J]. Physics Reports, 1997, 285: 245-320.

[34] Sun C Q, Shi Y, Li M, et al. Size-induced undercooling and overheating in phase transitions in bare and embedded clusters[J]. Physical Review B, 2006, 73: 075408.

[35] Sun C Q, Li S, Tay B K, et al. Upper limit of blue shift in the photoluminescence of CdSe and CdS nanosolids[J]. Acta Materialia, 2002, 50: 4687-4693.

[36] Shandiz M A, Safaei A. Melting entropy and enthalpy of metallic nanoparticles[J]. Materials Letters, 2008, 62: 3954-3956.

[37] Shandiz M A, Safaei A, Sanjabi S, et al. Modeling size dependence of melting temperature of metallic nanoparticles[J]. Journal of Physics and Chemistry of Solids, 2007, 68(7): 1396-1399.

[38] Guisbiers G, Wautelet M. Size, shape and stress effects on the melting temperature of nano-

polyhedral grains on a substrate[J]. Nanotechnology, 2006, 17: 2008-2011.
[39] Guisbiers G. Size-dependent materials properties toward a universal equation[J]. Nanoscale Research Letters, 2010, 5(7): 1132-1136.
[40] Kim E H, Lee B J. Size dependency of melting point of crystalline nano particles and nano wires: A thermodynamic modeling[J]. Metals and Materials International, 2009, 15(4): 531-537.
[41] Xue Y Q, Zhao M Z, Lai W P. Size-dependent phase transition temperatures of dispersed systems[J]. Physica B, 2013, 408: 134-139.
[42] Kumar R, Sharma G, Kumar M. Effect of size and shape on the vibrational and thermodynamic properties of nanomaterials[J]. Journal of Thermodynamics, 2013, 2013: 1-5.
[43] Kumar R, Kumar M. Effect of size on cohesive energy, melting temperature and Debye temperature of nanomaterials[J]. Indian Journal of Pure and Applied Physics, 2012, 50: 329-334.
[44] Lu Y B, Liao S Z, Xie B, et al. Size and composition dependence of melting temperature of binary nanoparticles[J]. Science China Physics, Mechanics and Astronomy, 2011, 54(5): 897-900.
[45] 李愿. 二元纳米微粒有序无序转变和结构稳定性的热力学研究[J]. 长沙: 中南大学, 2014.
[46] Jiang Q, Shi H X, Li J C, et al. Finite size effect on glass transition temperatures[J]. Thin Solid Films, 1999, 354: 283-286.
[47] Wang T H, Zhu Y F, Jiang Q. Size effect on evaporation temperature of nanocrystals[J]. Materials Chemistry and Physics, 2008, 111(2-3): 293-295.
[48] Zhang Z, Li J C, Jiang Q. Size effect on the freezing temperature of lead particles[J]. Journal of Materials Research, 2000, 19: 1893-1895.
[49] Safaei A. Shape, structural, and energetic effects on the cohesive energy and melting point of nanocrystals[J]. Journal of Chemical Physics C, 2010, 114: 13482-13496.
[50] Shibuta Y, Suzuki T. Melting and solidification point of fcc-metal nanoparticles with respect to particle size: A molecular dynamics study[J]. Chemical Physics Letters, 2010, 498(4-6): 323-327.
[51] Sambles J R. An electron microscope study of evaporating gold particles: The Kelvin equation for liquid gold and the lowering of the melting point of solid gold particles[J]. Proceedings of the Royal Society A, 1971, 324: 339-351.
[52] Buffat P, Borel J P. Size effect on the melting temperature of gold particles[J]. Physical Review A, 1976, 13(6): 2287-2298.
[53] Li H, Han P D, Zhang X B, et al. Size-dependent melting point of nanoparticles based on bond number calculation[J]. Materials Chemistry and Physics, 2013, 137: 1007-1011.
[54] Cao L F, Xu G Y, Xie D, et al. Thermal stability of Fe, Co, Ni metal nanoparticles[J]. Physica Status Solidi (b), 2006, 243(12): 2745-2755.
[55] Sun J, Simon S L. The melting behavior of aluminum nanoparticles[J]. Thermochimica Acta, 2007, 463(1-2): 32-40.
[56] Xie D, Wang M P, Qi W H, et al. Thermal stability of indium nanocrystals: A theoretical study[J]. Materials Chemistry and Physics, 2006, 96: 418-421.
[57] 刘洋. 纳米材料德拜温度、体膨胀系数及热容的尺寸效应[D]. 长春: 吉林大学, 2008.

[58] Jiang Q, Zhang S H, Li J C. Grain size-dependent diffusion activation energy in nanomaterials [J]. Solid State Communications, 2004, 130(9): 581-584.

[59] Qi W H. Modeling the relaxed cohesive energy of metallic nanoclusters[J]. Materials Letters, 2006, 60: 1678-1681.

[60] Luo W H, Deng L, Su K, et al. Gibbs free energy approach to calculate the thermodynamic properties of copper nanocrystals[J]. Physica B, 2011, 406(4): 859-863.

[61] Qi W H. Size effect on melting temperature of nanosolids[J]. Physica B, 2005, 368: 46-50.

[62] Qi W H, Huang B Y, Wang M P, et al. Shape factor for non-cylindrical nanowires[J]. Physica B, 2008, 403: 2386-2389.

[63] Zou C D, Gao Y L, Yan G B, et al. Size-dependent melting properties of Sn nanoparticles by chemical reduction synthesis[J]. Transactions of Nonferrous Metals Society of China, 2010, 20(2): 248-253.

[64] Tomanek D, Mukherjee S, Bennemann K. Simple theory for the electronic and atomic structure of small clusters[J]. Physical Review B, 1983, 28: 665-673.

[65] Huh S, Kim H, Park J, et al. Critical cluster size of metallic Cr and Mo nanoclusters[J]. Physical Review B, 2000, 62: 2937-2943.

[66] Alloyeau D, Ricolleau C, Mottet C, et al. Size and shape effects on the order-disorder phase transition in CoPt nanoparticles[J]. Nature Materials, 2009, 8: 940-946.

[67] Xiong S, Qi W, Huang B, et al. Size-, shape- and composition-dependent alloying ability of bimetallic nanoparticles[J]. Physical Chemistry Chemical Physics, 2011, 12(7): 1317-1324.

[68] 孟庆平, 戎咏华, 徐祖耀. 金属纳米晶的相稳定性[J]. 中国科学, 2002, 32(4): 457-463.

[69] 曹玲飞, 汪明朴, 李周, 等. Fe基纳米晶软磁材料热稳定性的研究[J]. 金属功能材料, 2005, 12(1): 26-29.

[70] 刘河洲, 胡文彬, 顾明元, 等. 纳米 TiO_2 晶粒生长动力学研究[J]. 无机材料学报, 2002, 17(3): 29-35.

[71] 刘娓, 金晶, 高文静, 等. 微纳米铁粉热稳定性实验研究[J]. 材料热处理学报, 2015, 36(2): 1-4.

[72] Li J, Wang J, Yang G. Phase field modeling of grain boundary migration with solute drag[J]. Acta Materialia, 2009, 57(7): 2108-2120.

[73] Michels A, Krill C E, Ehrhardt H. Modelling the influence of grain-size-dependent solute drag on the kinetics of grain growth in nanocrystalline materials[J]. Acta Materialia, 1999, 47(7): 2143-2152.

[74] Knauth P, Charai A, Gas P. Grain growth of pure nickel and of a Ni-Si solid solution studied by differential scanning calorimetry on nanometer-sized crystals[J]. Scripta Materialia, 1993, 28(3): 325-330.

[75] Gottstein G, Ma Y, Shvindlerman L. Triple junction motion and grain microstructure evolution[J]. Acta Materialia, 2005, 53(5): 1535-1544.

[76] Protasova S G, Gottstein G, Molodov D A, et al. Triple junction motion in aluminum tricrystals[J]. Acta Materialia, 2001, 49: 2519-2525.

[77] Novikov V Y. On the influence of triple junctions on grain growth kinetics and microstructure

evolution in 2D polycrystals[J]. Scripta Materialia, 2005, 52: 857-861.
[78] Chen Y, Schuh C A. Geometric considerations for diffusion in polycrystalline solids[J]. Journal of Applied Physics, 2007, 101(6): 063524.
[79] Moelans N, Blanpain B, Wollants P. Pinning effect of second-phase particles on grain growth in polycrystalline films studied by 3-D phase field simulations[J]. Acta Materialia, 2007, 55(6): 2173-2182.
[80] Moelans N, Blanpain B, Wollants P. Thermal stability of nanostructured $Al_{93}Fe_3Cr_2Ti_2$ alloys prepared via mechanical alloying[J]. Acta Materialia. 2003, 51(9): 2647-2663.
[81] Kirchheim R. Reducing grain boundary, dislocation line and vacancy formation energies by solute segregation Ⅰ. Theoretical background[J]. Acta Materialia, 2007, 55(15): 5129-5138.
[82] Millett P C, Selvam R P, Saxena A. Stabilizing nanocrystalline materials with dopants[J]. Acta Materialia, 2007, 55(7): 2329-2336.
[83] Song X Y, Zhang J X, Li L M, et al. Correlation of thermodynamics and grain growth kinetics in nanocrystalline metals[J]. Acta Materialia, 2006, 54(20): 5541-5550.
[84] Chen Z, Liu F, Wang H F, et al. A thermokinetic description for grain growth in nanocrystalline materials[J]. Acta Materialia, 2009, 57(5): 1466-1475.
[85] Estrinl Y, Gottstein G, Rabkin E, et al. On the kinetics of grain growth inhibited by vacancy generation[J]. Scripta Materialia, 2000, 43: 141-147.
[86] Nanda K K, Kruis F E, Fissan H. Evaporation of free PbS nanoparticles: Evidence of the Kelvin effect[J]. Physical Review Letters, 2002, 89(25): 256103.
[87] Nanda K K, Maisels A, Kruis F E. Surface tension and sintering of free gold nanoparticles[J]. Journal of Chemical Physics C, 2008, 112: 13488-13491.
[88] Huang Z Y, Li X X, Liu Z J, et al. Morphology effect on the kinetic parameters and surface thermodynamic properties of Ag_3PO_4 micro-/nanocrystals[J]. Journal of Nanomaterials, 2015, 2015: 1-9.
[89] 刘晓林, 王路得, 黄在银, 等. 纳米氧化锌热力学函数的微量热法及电化学法测量[J]. 高等学校化学学报, 2015, 36(3): 539-543.
[90] Zhang Z, Fu Q S, Xue Y Q, et al. Theoretical and experimental researches of size-dependent surface thermodynamic properties of nano-vaterite[J]. Journal of Physical Chemistry C, 2016, 120: 21652-21658.
[91] Rose J H, Smith J R, Guinea F, et al. Universal features of the equation of state of metals[J]. Physical Review B, 1984, 29(6): 2963-2969.
[92] Vinet P, Smith J R, Ferrante J, et al. Temperature effects on the universal equation of state of solids[J]. Physical Review B, 1987, 35(4): 1945-1953.
[93] Gholamabbas P, Mason E A. Universal equation of state for compressed solids[J]. Physical Review B, 1994, 49(5): 3049-3060.
[94] Fecht H J. Intrinsic instability and entropy stabilization of grain boundaries[J]. Physical Review Letters, 1990, 65(5): 610-613.
[95] Wagner M. Structure and thermodynamic properties of nanocrystalline metals[J]. Physical Review B, 1992, 45(2): 635-639.

[96] 卢柯. 金属纳米晶体的界面热力学特性[J]. 金属学报, 1995, 44(9): 1554-1560.
[97] 宋晓艳, 高金萍, 张久兴. 纳米多晶体的热力学函数及其在相变热力学中的应用[J]. 物理学报, 2005, 54(3): 1313-1319.
[98] 魏君, 宋晓艳, 韩清超, 等. 金属纳米晶热稳定性和晶粒长大行为的研究[J]. 稀有金属材料与工程, 2010, 39(4): 603-607.
[99] Gao J P, Song X Y, Zhang J X. Thermodynamic functions and phase transformation of metal nanocrystals[J]. Journal of Materials Science & Technology, 2005, 21(5): 705-709.
[100] Li H, Wen Z, Jiang Q. Liquid nucleation of surface-free crystal from nanovoids[J]. Solid State Communications, 2008, 147(7-8): 250-253.
[101] Xiong S Y, Qi W H, Huang B Y, et al. Size and shape dependent Gibbs free energy and phase stability of titanium and zirconium nanoparticles[J]. Materials Chemistry and Physics, 2010, 120: 446-451.
[102] Xiong S Y, Qi W H, Huang B Y, et al. Gibbs free energy and size temperature phase diagram of hafnium nanoparticles[J]. Journal of Chemical Physics C, 2011, 115: 10365-10369.
[103] Luo W H, Hu W Y. Gibbs free energy, surface stress and melting point of nanoparticle[J]. Physica B, 2013, 425: 90-94.
[104] 叶大伦, 胡建华. 无机物热力学数据手册[M]. 北京: 冶金工业出版社, 2002.
[105] 梁英教, 车荫昌. 无机物热力学数据手册[M]. 沈阳: 东北大学出版社, 1993.
[106] Guisbiers G, Buchaillot L. Modeling the melting enthalpy of nanomaterials[J]. Journal of Chemical Physics C, 2009, 113: 3566-3568.
[107] Delogu F. Structural and energetic properties of unsupported Cu nanoparticles from room temperature to the melting point: Molecular dynamics simulations[J]. Physical Review B, 2005, 72: 205418.
[108] 卓克垒, 王键吉, 夏志清, 等. 电动势法在电解质溶液的热力学研究中的应用[J]. 化学通报, 1995, 9: 21-27.
[109] 王路得, 黄在银, 范高超, 等. 电化学方法测定纳米材料的热力学函数[J]. 中国科学: 化学, 2012, 42(1): 47-51.
[110] 黄在银, 王路得, 周泽广, 等. 一种获取纳米材料规定热力学函数的方法[P]. 中国: 201110318054. 2012-06-20.
[111] 王路得. 氧化锌纳米材料的可控合成、原位生长机理、热力学及动力学性质研究[D]. 南宁: 广西民族大学, 2013.
[112] 傅献彩, 沈文霞, 姚天扬. 物理化学[M]. 4 版. 北京: 高等教育出版社, 1990.
[113] Mott N F. The resistance of liquid metals[J]. Proceedings of the Royal Society A: Mathematical, Physical and Engineering Sciences, 1934, 146(857): 465-472.
[114] 洪永炎, 吴锋民. 金属熔化熵和熔化体积增率[J]. 浙江工学院学报, 1992, 4: 27-33.
[115] Mott N F, Jones H. The Theory of the Properties of Metal and Alloys[M]. Oxford: Oxford University Press, 1945, 14 (3513): 348-349.
[116] Jiang Q, Shi F G. Entropy for solid-liquid transition in nanocrystals[J]. Materials Letters, 1998, 37: 79-82.
[117] Eckert J, Holzer J C, Ahn C C, et al. Melting behavior of nanocrystalline aluminum powders[J].

Nanostructured Materials, 1993, 2(4): 407-413.
[118] Hasegawa M, Hoshino K, Watabe M. A theory of melting in metallic small particles[J]. Journal of Physics F: Metal Physics, 1980, 10(4): 619-622.
[119] Lai S L, Ramanath G, Allen L H, et al. Heat capacity measurements of Sn nanostructures using a thin-film differential scanning calorimeter with 0.2 nJ sensitivity[J]. Applied Physics Letters, 1997, 70(1): 43-45.
[120] Delogu F. Energy of formation and dynamics of vacancies in nanometre-sized crystalline Au and Cu systems[J]. Materials Chemistry and Physics, 2009, 115(1): 361-366.
[121] Liang L H, Li J C, Jiang Q. Modeling of melting enthalpy of organic nanowires[J]. Physica Status Solidi B, 2003, 236(3): 583-588.
[122] Jackson C L, McKenna G B. The melting behavior of organic materials confined in porous solids[J]. The Journal of Chemical Physics, 1990, 93(12): 9002-9011.

第 6 章　纳米晶体材料特性函数关联模型

本书从最简单的金属纳米粒子尺寸效应物理模型出发，逐渐推广至多场耦合作用下任意维度和形状的纳米晶体材料。随后，利用物理模型分析纳米晶体材料的晶体学和力学特性，探讨晶格动力特性，研究晶体热力学特性，发现纳米晶体材料可视为一类特殊的热力学系统，描述系统特性函数和配分函数的实质仍是能态密度。利用系统的能态密度(晶格振动为声子态密度)可以获得晶体材料的所有热力学特性，反之使用晶体材料的任意一种热力学特性函数也可以推测系统的所有信息。因此，本章分别介绍空位模型和空位形成能分析法、杨氏模量模型和弹性矩阵元分析法、德拜温度和表层原子冻结分析法，作为“Yu Model”的回顾与反思。

6.1　空位形成能特性函数

6.1.1　空位形成能关联模型

爱因斯坦热容理论认为:“晶体可以看成是由 N 个原子组成的具有 $3N$ 个振动自由度的大分子。”也就是说，从块体材料中取出 1 个纳米粒子，其热力学规律可以利用空位表征。

空位模型可以广泛分析纳米晶体材料的各向异性、表面特性、力学特性、晶格动力学特性、扩散特性和热力学特性等各个方面。根据式(4.27)、图 4.4、图 4.5 和图 4.7，空位形成能、表面能、扩散激活能与德拜温度的二次方和熔点等参数成正比。因此

$$\frac{\Delta E_{\mathrm{v,n}}}{E_{\mathrm{v,b}}}=\frac{\Delta\sigma_{\mathrm{n}}}{\sigma_{\mathrm{b}}}=\frac{\Delta Y_{\mathrm{n}}}{Y_{\mathrm{b}}}=\frac{\Delta\Theta_{\mathrm{n}}^{2}}{\Theta_{\mathrm{b}}^{2}}=\frac{\Delta Q_{\mathrm{n}}}{Q_{\mathrm{b}}}=\frac{\Delta T_{\mathrm{m,n}}}{T_{\mathrm{m,b}}}=\frac{\mathrm{CN}}{4}\cdot\frac{r_{0}}{R}\cdot\frac{\rho_{\mathrm{b}}}{\rho_{\mathrm{n}}}\cdot\frac{1}{\eta} \tag{6.1}$$

式(6.1)为空位形成能特性函数关联模型。

6.1.2　空位形成能和扩散激活能的内在关联

扩散激活能是反映原子/离子输运的重要参数。给出空位形成能与扩散激活能的内在关联，可为锂离子电池纳米电极材料的电导率设计，纳米结构可控合成等热力学过程提供理论依据。

式(6.1)指出，空位形成能与扩散激活能成正比，而扩散激活能约等于系统内能的变化，因此

$$Q = \Delta H \approx \Delta E \tag{6.2}$$

于是

$$\frac{\Delta E_{\mathrm{v,n}}}{E_{\mathrm{v,b}}} = \frac{\Delta Q_{\mathrm{n}}}{Q_{\mathrm{b}}} = \frac{\Delta H_{\mathrm{n}}}{H_{\mathrm{b}}} = \frac{\Delta E_{\mathrm{n}}}{E_{\mathrm{b}}} \tag{6.3}$$

利用式(6.1)和式(6.3)，可以估算和设计纳米晶体材料的扩散激活能，以及各晶面上的扩散系数。

由空位形成能和扩散激活能的内在关联模型计算得到的 Au 金属纳米粒子空位形成能与扩散激活能的关系如图 6.1 所示，Au 纳米材料空位形成能与扩散激活能的实验数据(见 4.2 节和 4.3 节)列于图中。可以看出，利用空位形成能和熔点计算的理论结果与实验结果吻合非常好。这是因为两者都是实验结果，可以相互弥补形状、温度及内部缺陷。

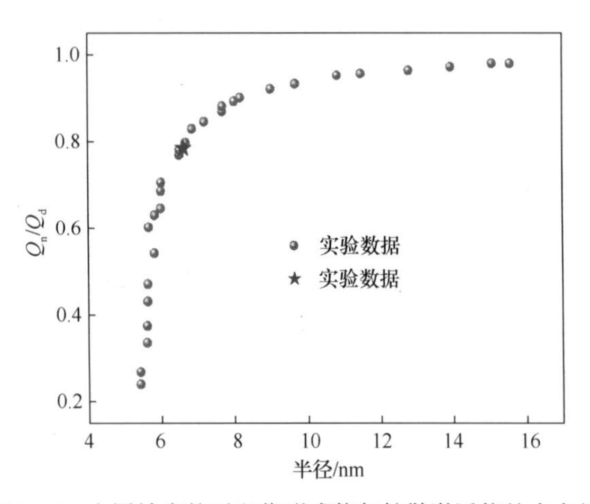

图 6.1　Au 金属纳米粒子空位形成能与扩散激活能的内在关联

6.1.3　空位形成能和熔点的内在关联

由空位形成能特性函数关联模型计算得到的 Au 金属纳米粒子空位形成能与熔点的关系如图 6.2 所示，Au 纳米粒子空位形成能与熔点的实验数据(见 4.3 节和 5.1 节)列于图中。可以看出，利用熔点计算的理论结果与实验结果有较好的吻合度。利用熔点的实验数据与空位形成能数据尤其吻合，这是因为两者都是实验结果，可以相互弥补形状、温度及内部缺陷。换句话说，利用式(6.1)进行计算，能够更好地吻合实验结果。

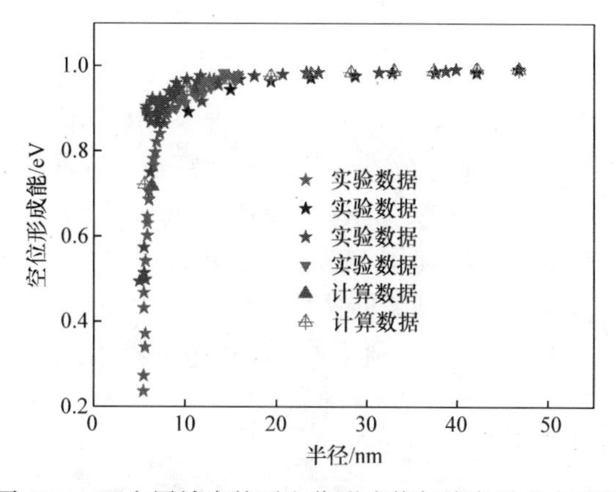

图 6.2　Au 金属纳米粒子空位形成能与熔点的内在关联

6.1.4　空位形成能分析法

在钢铁材料表面渗 Ti 是近些年新发展起来的一种金属表面处理工艺。该处理工艺主要利用双层辉光等离子表面冶金技术，在 800℃下保温较长时间进行反应扩散，可以有效地提升钢铁表面耐蚀性和耐磨性[1]。然而研究发现，高温渗 Ti 不仅会导致材料晶粒粗大，降低基体材料的力学性能，还会造成热能和资源的浪费[2-3]。

实验方面，卢柯等[4]通过机械研磨预处理，在纯 Fe 表面制备了一定厚度的梯度纳米晶层，使渗 N 温度降至 300℃，远低于常规渗 N 温度(500℃以上)。这一极具开创性的工作在 *Science* 期刊上发表[5]，获得了国际国内同行的广泛认可。此外，Tong 等[6]研究了表面机械研磨预处理，也在较低温度下获得了性能较好的渗 N 层。

理论方面，由于机械研磨预处理后表面层有大量的空位、位错、晶界和界面等，因此在具体扩散机理上仍然存在较大争议，且主要以经典热力学解析为主，第一性原理计算的报道还极为少见。徐重等[7]研究了双层辉光等离子渗金属工艺，认为多元交互扩散机制是扩散反应的主导机制。周敏等[8]对未表面处理的 Cu、Al 相进行了分子动力学模拟，但仅给出了互扩散行为的动力学机制。安艳丽[9]对纯 Fe 表面机械研磨后吸附 CO 分子的过渡态进行了研究，发现机械研磨能有效降低气体分子的扩散势垒。高原[10]认为工件表面存在空位分布区，这一分布区将对渗入元素原子的扩散起到促进作用。于晓华等[11-13]利用经典热力学方法建模，对晶粒尺寸与热力学、力学和动力学等参数的内在关系进行细致的探讨，认为空位、位错、晶界和界面都降低了扩散激活能，增加了扩散通道，处理时可以简化各种因素的相互作用，统一抽象为空位浓度增多机制。

1. 物理模型与计算方法

利用密度泛函理论(DFT)，基于第一性原理 VASP 软件求解计算。研究空位对体系的影响规律和作用机制，分别建立了 0 个空位和 1 个空位的 3×3×3 超胞，其晶体结构如图 6.3 所示。交换关联势选用广义梯度近似(GGA)，离子势选择平面波超软赝势，布里渊区内使用 Monkhorst-Pack 方法对 k 点取样。为了获得较好的收敛和计算精度，计算截断能选取 500 eV，能量和力收敛精度分别选取 10^{-6} eV · cell^{-1} 和−0.01 eV · Å^{-1}。利用 CI-NEB 方法搜索过渡态得到有空位情况下的扩散势垒。

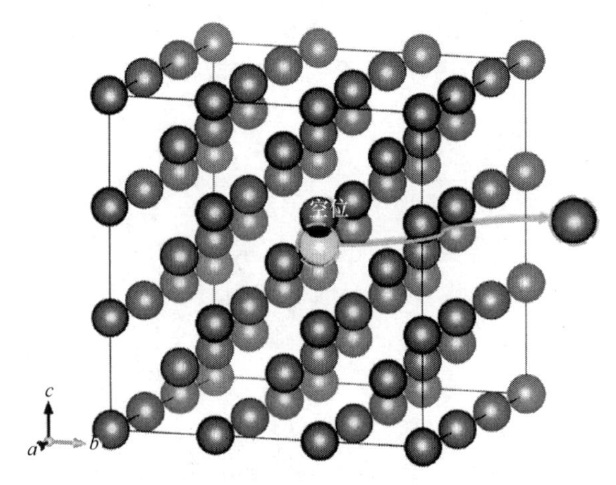

图 6.3　不同空位浓度的 BCC-Fe 结构

2. 晶格常数和局域态密度

纯 Fe 为体心立方(BCC)结构，空间群为 $Im\overline{3}m$。通过对所建超胞进行结构优化，相应的晶格常数和晶胞体积如表 6.1 所示。在无空位的结构中，BCC-Fe 的晶格常数为 a=8.499 Å(本工作)，而 BCC-Fe 的晶格常数实验值为 a=8.482 Å(实验数据[14])，两者误差仅为 0.2%，说明计算得到的晶格常数和实验较为符合。

表 6.1　不同空位浓度超胞的晶格常数和晶胞体积

	空间群	a/Å	体积/Å^3
实验数据	$Im\overline{3}m$	8.482	610.303
本工作	$Im\overline{3}m$	8.499	613.875
1 空位	$Pm\overline{3}m$	8.483	610.474

添加 1 个空位后，BCC-Fe 的晶格常数减小为 8.483 Å，晶格畸变率为 0.19%；相应的晶胞体积减小了 3.40 Å^3，即空位的加入导致键长缩短，晶格发生了畸变。

局域态密度(LDOS)的变化可以反映空位对电子结构的影响。0 个空位[图 6.4(a)]和 1 个空位[图 6.4(b)]的 LDOS 如图 6.4 所示。图中 x 轴的 0 点对应体系的费米能级(作图时自动扣除)，“up total”和“down total”分别对应材料自旋向上和自旋向下的总态密度，“up d”和“down d”分别对应自旋向上和自旋向下 3d 轨道的态密度，“up p”和“down p”分别对应自旋向上和自旋向下 3p 轨道的态密度。右上放大图为 1.5～2.5 eV 区域的态密度，右下放大图为−3.5～−2.5 eV 区域的态密度。可以看到，Fe 的态密度主要由 3d 电子贡献，3p 电子有少量贡献。

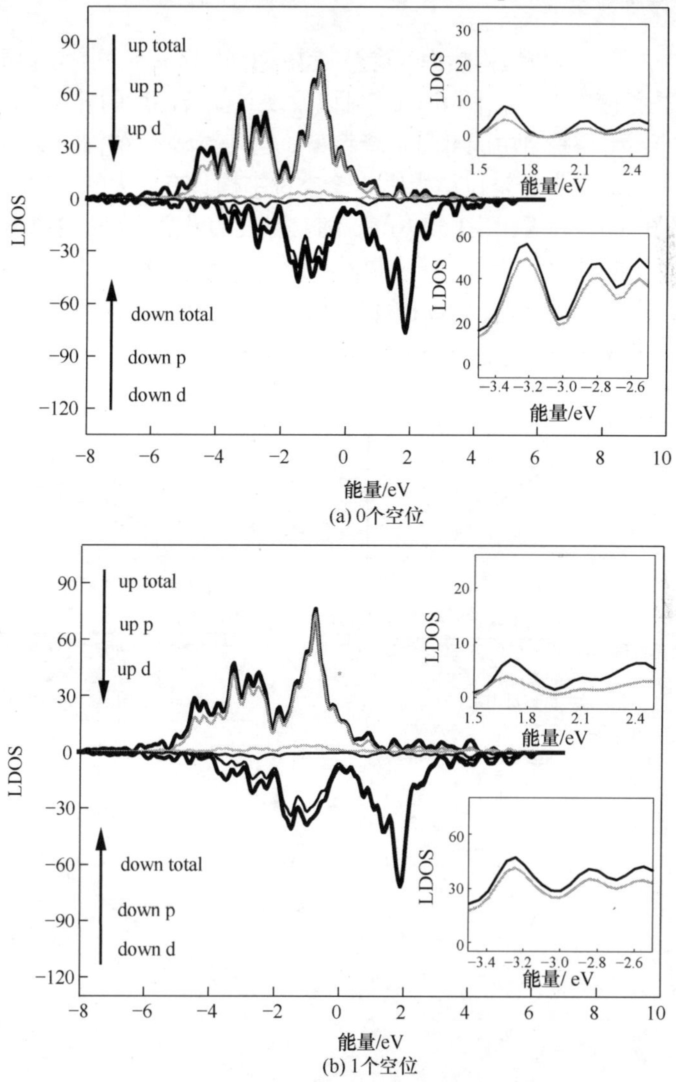

(a) 0个空位

(b) 1个空位

图 6.4　不同空位浓度的局域态密度

由外向内依次为 total、p 和 d 轨道

进一步比较图 6.4(a) 和 (b)。对比静态自洽计算得到的费米能级，0 个空位结构的费米能级为 5.95 eV，1 个空位结构的费米能级为 5.47 eV，两者相差 0.48 eV。与 0 个空位结构相比，1 个空位结构在–3.5～–2.5 eV 区域和 1.5～2.5 eV 区域态密度的峰值都有所减小，而在–0.5～0.5 eV 范围内还有部分峰值消失，这说明能带在这些能量范围内产生了宽化。此外，态密度峰值发生了平化，说明结构的离域性增强，成键能力增强。

3. 热力学性能变化

0 个空位和 1 个空位结构热力学参数随温度的变化关系如图 6.5 所示。亥姆霍兹自由能随温度的变化关系[图 6.5(a)]可以发现，随着温度的升高，0 个空位和 1 个空位结构的亥姆霍兹自由能都呈下降趋势，但 1 个空位结构的亥姆霍兹自由能下降速率更快。说明 1 个空位结构比 0 个空位结构具有更大的自发反应趋势。声子振动贡献的内能可以看出[图 6.5(b)]，随着温度的升高，1 个空位结构中声子的振动加剧，声子振动贡献的内能迅速提升。此外，表 6.2 给出了 0 个空位结构和 1 个空位结构结合能的计算值，可知随着空位的增加，结合能将降低。

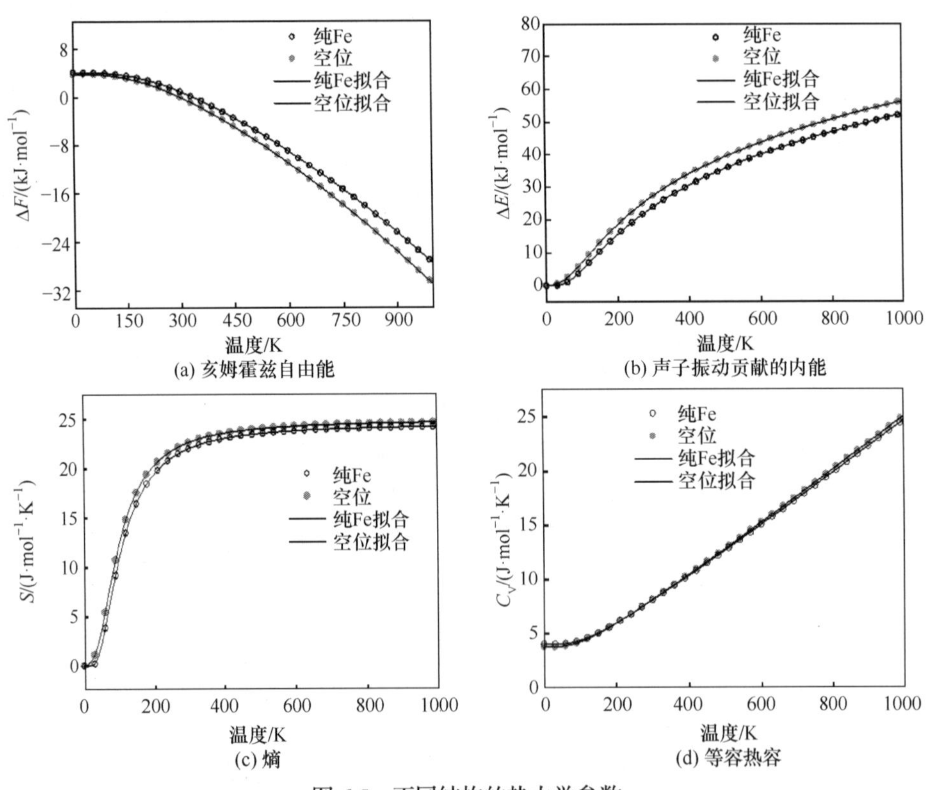

图 6.5　不同结构的热力学参数

表 6.2　不同空位浓度超胞的结合能

空位	E_{total}/eV	E_{iso}/eV	n	E_f^{vac}	E_{coh}
1 空位	–448.776	–3.059	54	—	–5.252
0 空位	–438.330	–3.059	53	7.387	–5.211

可以理解，0 个空位和 1 个空位结构的熵值都呈上升趋势[图 6.5(c)]，且 0 个空位结构的熵值小于 1 个空位的熵值，这是因为空位增加了体系混乱度[15]。此外，体系的等容热容 C_V 可以反映晶格振动程度的大小。可以看到，1 个空位结构原子的声子振动模大于 0 个空位结构。总的来说，引入空位后，结构稳定性和结合能降低，声子振动内能、熵和等容热容升高，体系更容易发生扩散反应。

4. 扩散过渡态

为了分析空位对 Ti 原子在纯 Fe 表面扩散的影响，利用 CINEBCI-NEB 方法搜索过渡态得到 0 个空位结构和 1 个空位结构的扩散势垒，Ti-Fe 扩散体系如图 6.6 所示。因 Fe 的原子半径为 126 pm(1 pm=10^{-12} m)，Ti 的原子半径为 147 pm，两者较为接近，可以初步推断扩散方式主要为换位扩散(0 个空位)和空位扩散(1 个空位)。

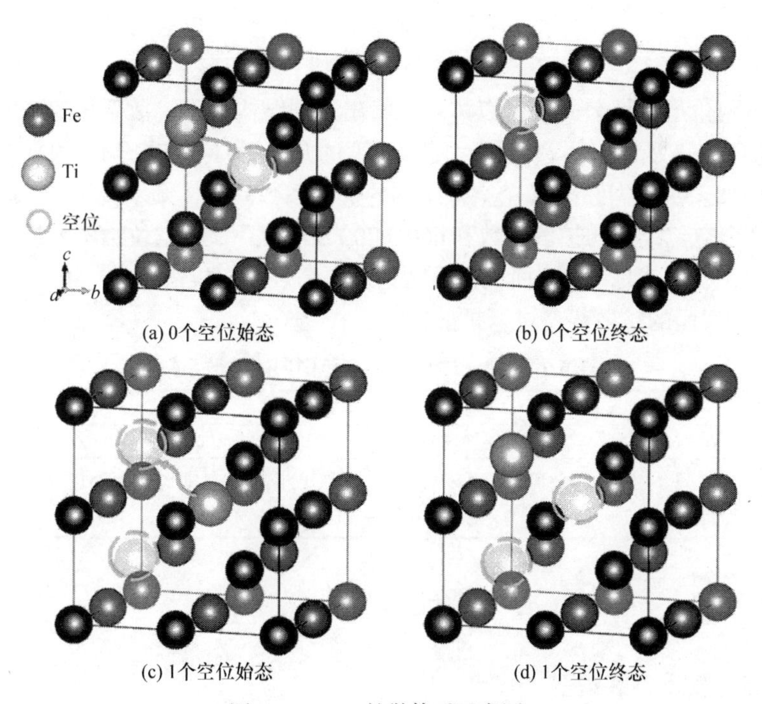

图 6.6　Ti-Fe 扩散体系示意图

1 个空位的结构中，原始空位为(0.5, 0.5, 0.5)，原始 Ti 原子为(0.75, 0.75, 0.25)。扩散后，空位移动到(0.75, 0.75, 0.25)，Ti 原子移动到(0.5, 0.5, 0.5)；2 个空位结构中，原始空位为(0.5, 0.5, 0.5)和(0.75, 0.25, 0.25)，原始 Ti 原子为(0.75, 0.75, 0.25)，扩散后空位移动到(0.75, 0.75, 0.25)和(0.75, 0.25, 0.25)，Ti 原子移动到(0.25, 0.25,0.25)和(0.5,0.5,0.5)。原子的跃迁距离 l=2.482 Å，相应过渡态的扩散路径和扩散激活能如图 6.7 所示。1 个空位结构的扩散势垒为 0.659 eV，2 个空位结构的扩散势垒为 0.353 eV。根据温特-齐纳理论[16]，1 个空位结构的扩散常数为 D_0= 4.04×10^{-7} m^2 · s^{-1}，2 个空位结构的扩散常数为 D_0= 2.96×10^{-7} m^2 · s^{-1}。

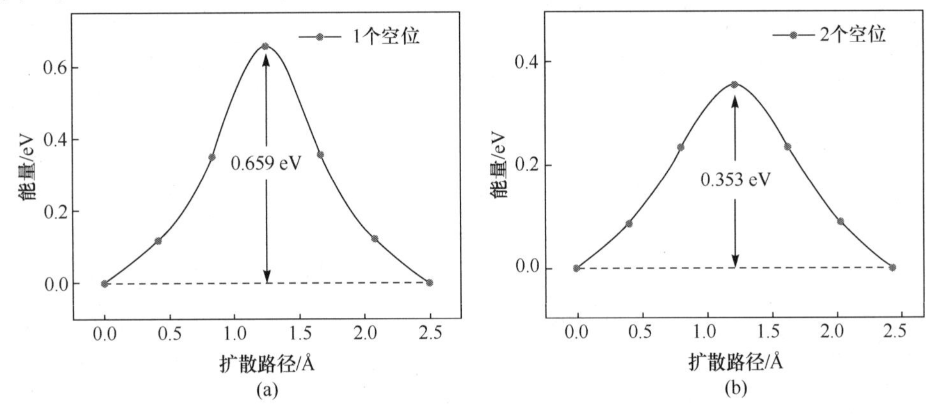

图 6.7 Ti 原子在 Fe 中的扩散势垒曲线

通过阿伦尼乌斯公式，可以进一步给出不同结构超胞扩散系数随温度的变化关系，如表 6.3 所示。可以发现，随着温度的升高，Ti 在 BCC-Fe 内部的扩散系数逐渐增加。同一温度下，2 个空位结构的扩散系数高于 1 个空位结构。而 1100 K 温度下 0 个空位结构的扩散系数和 600～700 K 温度下 2 个空位结构的扩散系数在同一数量级。也就是说，表面机械研磨处理提高表层空位浓度后，400℃已经可以越过纯 Fe 表面的扩散势垒进行扩散。

表 6.3 600～1200 K 温度范围内的扩散系数

空位	*T*/K						
	600	700	800	900	1000	1100	1200
1 个空位	1.19×10^{-12}	7.35×10^{-12}	2.88×10^{-11}	8.31×10^{-11}	1.94×10^{-10}	3.89×10^{-10}	6.94×10^{-10}
2 个空位	3.23×10^{-10}	8.55×10^{-10}	1.78×10^{-9}	3.13×10^{-9}	4.94×10^{-9}	7.16×10^{-9}	9.77×10^{-9}

6.2 杨氏模量特性函数

6.2.1 杨氏模量关联模型

晶体结合理论认为，两个原子从无穷远处相互靠近时，由于静电力的作用，两个原子相互吸引，体系势能逐渐下降；随着这两个原子在引力作用下进一步靠近，各自的电子云将从最外层到次外层依次重叠，体系的势能逐渐增加；当静电引力和电子云斥力相互平衡时，原子能量最低，此时两原子的平衡间距等于晶格常数。该过程等同于第一性原理计算中结构弛豫和静态自洽过程。也就是说，利用键长可以表征纳米晶体材料的晶体学、力学、晶格动力学和晶体热力学特性。

杨氏模量模型可以普遍研究纳米晶体材料的各向异性、表面特性、多场耦合下的应力应变特性等各个方面。

根据弹簧振子模型，弹簧的劲度系数(或弹性系数)与晶体材料最大波速的二次方成正比

$$\kappa = 4\pi^2 m \cdot \nu_D^2 \tag{6.4}$$

材料的劲度系数与杨氏模量具有正比关系，反映的是材料的本质特性，而劲度系数反映的是宏观弹性特性(还与材料的长度和横截面积有关系)。结合德拜理论，波速与德拜温度成正比，因此

$$\frac{\Delta \Theta_{D,n}^2}{\Theta_{D,b}^2} = \frac{\Delta \nu_{p,n}^2}{\nu_{p,b}^2} = \frac{\Delta Y_n}{Y_b} \tag{6.5}$$

即

$$\frac{\Delta T_{m,n}}{T_{m,b}} = \frac{\Delta Y_n}{Y_b} = \frac{CN}{4} \cdot \frac{r_0}{R} \cdot \frac{\rho_b}{\rho_n} \cdot \frac{1}{\eta} \tag{6.6}$$

6.2.2　杨氏模量和熔点的内在关联

由杨氏模量和熔点的内在关联模型计算得到的 Cu 金属纳米粒子杨氏模量与熔点的关系如图 6.8 所示，Cu 金属纳米粒子杨氏模量的实验数据和分子动力学数

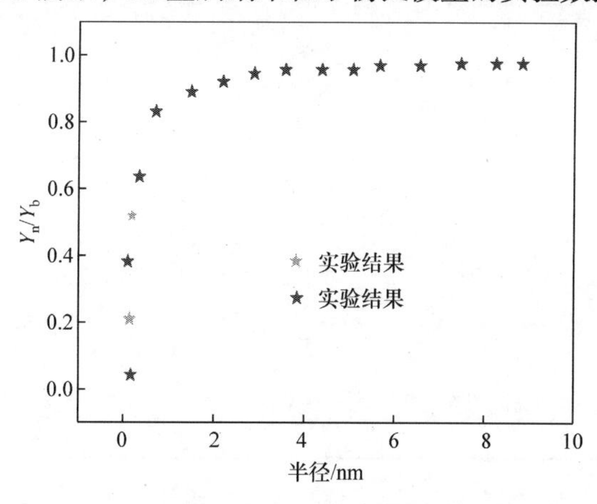

图 6.8　Cu 金属纳米粒子杨氏模量与熔点的关系

据(见 4.3 节和 5.1 节)列于图中。可以看出，杨氏模量的实验数据、分子动力学数据和公式给出的理论值有较好的吻合度。此外，利用分子动力学熔点与晶粒尺寸的关系，可以计算杨氏模量的实验值，这为计算和研究金属纳米材料的特性提供了新的途径。

6.2.3　杨氏模量和其他力学参数的内在关联

表征材料的力学特性参数除了体积模量和杨氏模量外，还有拉梅常数、剪切模量、泊松比和 P 波模量等。这 5 个参数之中，已知其中任何 2 个，都可以计算另外 3 个。

表 6.4 为体积模量、杨氏模量、拉梅常数、剪切模量、泊松比和 P 波模量之间的关系。根据体积模量或杨氏模量(泊松比为常数，不随尺寸的变化而变化)，其他力学参数都可获得。

表 6.4　体积模量 K、杨氏模量 Y、拉梅常数 λ 和剪切模量 G、泊松比 ν 和 P 波模量 M 的关系

	K	Y	λ	G	ν	M
ν, G	$\nu+\frac{2G}{3}$	$\frac{G(3\lambda+2G)}{\lambda+G}$	—	—	$\frac{\lambda}{2(\lambda+G)}$	$\lambda+2G$
Y, G	$\frac{YG}{3(3G-Y)}$	—	$\frac{G(Y-2G)}{3G-Y}$	—	$\frac{Y}{2G}-1$	$\frac{G(4G-Y)}{3G-Y}$
K, λ	—	$\frac{9K(K-\lambda)}{3K-\lambda}$		$\frac{3K-\lambda}{2}$	$\frac{\lambda}{3K-\lambda}$	$3K-2\lambda$
K, G	—	$\frac{9KG}{3K+G}$	$K-\frac{2G}{3}$	—	$\frac{3K-2G}{2(3K+G)}$	$K+\frac{4}{3}G$
λ, ν	$\frac{\lambda(1+\nu)}{3\nu}$	$\frac{\lambda(1+\nu)(1-2\nu)}{\nu}$	—	$\frac{\lambda(1-2\nu)}{\nu}$	—	$\frac{\lambda(1-\nu)}{\nu}$
G, ν	$\frac{2G(1+\nu)}{3(1-2\nu)}$	$2G(1+\nu)$	$\frac{2G\nu}{1-2\nu}$	—	—	$\frac{2G(1-\nu)}{1-2\nu}$
Y, ν	$\frac{Y}{3(1-2\nu)}$	—	$\frac{Y\nu}{(1+\nu)(1-2\nu)}$	$\frac{Y}{2(1+\nu)}$	—	$\frac{Y(1-\nu)}{(1+\nu)(1-2\nu)}$
K, ν	—	$3K(1-2\nu)$	$\frac{3K\nu}{1+\nu}$	$\frac{3K(1-2\nu)}{2(1+\nu)}$	—	$\frac{3K(1-\nu)}{(1+\nu)}$
K, Y	—	—	$\frac{3K(3K-Y)}{9K-Y}$	$\frac{3KY}{9K-Y}$	$\frac{3KY}{6K}$	$\frac{3K(3K+Y)}{9K-Y}$
M, G	$M-\frac{4}{3}G$	$\frac{G(3M-4G)}{M-G}$	$M-2G$	—	$\frac{M-2G}{2M-2G}$	—

6.2.4　弹性矩阵元分析法

1678 年，英国科学家胡克提出了著名的胡克定律：固体材料的弹性形变与所受外力成正比。自此，弹塑性力学学科逐渐发展起来，成为固体力学的重要分支。

笛卡儿坐标系中，对于一个正六面体，可用六个平行于坐标面的截面表示六个面的应力-应变情况，如图 6.9 所示。

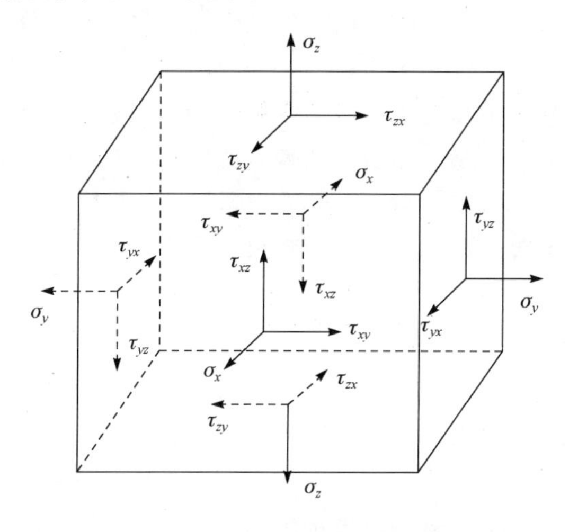

图 6.9　正六面体应力-应变图

图 6.9 中，外法线与坐标轴 $x(i=x,\ y,\ z)$ 同向的三个面元称为正面，它们的单位法向矢即坐标轴的单位矢 e_i。另三个外法线与坐标轴反向的面元称为负面，它们的法线单位矢为$-e_i$。把作用在正面上的应力矢量 σ_i 沿坐标轴正向分解，得

$$
\begin{aligned}
\sigma_x &= \sigma_x e_1 + \tau_{xy} e_2 + \tau_{xz} e_3 \\
\sigma_y &= \tau_{yx} e_1 + \sigma_y e_2 + \tau_{yz} e_3 \\
\sigma_z &= \tau_{zx} e_1 + \tau_{zy} e_2 + \sigma_z e_3
\end{aligned}
\tag{6.7}
$$

即

$$
\sigma_i = \sigma_{ij} e_j \tag{6.8}
$$

上式中共出现了 9 个应力分量：

$$
\begin{matrix}
\sigma_x & \tau_{xy} & \tau_{xz} \\
\tau_{yx} & \sigma_y & \tau_{yz} \\
\tau_{zx} & \tau_{zy} & \sigma_z
\end{matrix}
$$

第一个指标 i 表示面元的法线方向，称面元指标；第二个指标 j 表示应力分解的方向，称为方向指标。当 $i=j$ 时，应力分量垂直于面元，称为正应力；当 $i\neq j$ 时，应力分量作用在面元平面内，称为剪应力。弹性理论规定，作用在负面上的矢量应沿坐标轴反向分解，当微元收缩成一点 M 时，负面应力和正面应力大小相等方向相反，即

$$\sigma_{-i}=-\sigma_i=\sigma_{ij}(-e_j) \tag{6.9}$$

应力分量 σ_{ij} 的正负规定为，正面上与坐标轴同向的应力分量及负面上与坐标轴反向的应力分量为正，反之为负。

通过上述 9 个应力分量定义了应变张量 ε，它描述了 M 点处的应力状态。数学上，在坐标变换时，服从一定坐标变换式的 9 个数所定义的量称二阶张量。ε 为二阶张量，称为柯西应力张量，简称应力张量。σ_{ij} 为应力张量在基矢量为 e_i 的坐标系中的分量，简称应力分量。应力张量的矩阵形式通常表示为

$$\varepsilon=[\sigma_{ij}]=\begin{bmatrix}\sigma_{11} & \sigma_{12} & \sigma_{13}\\ \sigma_{21} & \sigma_{22} & \sigma_{23}\\ \sigma_{31} & \sigma_{32} & \sigma_{33}\end{bmatrix} \tag{6.10}$$

应当指出，物体内各点的应力状态一般是不相同的，应为坐标 x 的函数，所以，应力张量 σ 与给定点的空间位置有关，应力张量总是针对物体的某一确定点而言的。应力张量 σ 确定了该点处的应力状态。

在三维的情况下，在任意一点 O 附近取出一微小四面体单元，如图 6.10 所示。令斜面的面积为 1，则三个直角三角形的面积分别为

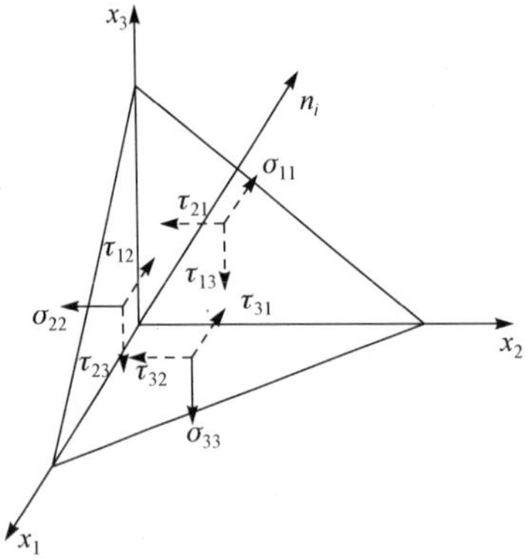

$$\begin{aligned}1\times\cos(n,x)&=l_1\\ 1\times\cos(n,y)&=l_2\\ 1\times\cos(n,z)&=l_3\end{aligned} \tag{6.11}$$

图 6.10　四面体微元应力-应变图

如斜面上的单位面积的面力为 P，其沿坐标轴方向的分量用 P_x、P_y、P_z 表示，则可由平衡条件得出

$$\begin{aligned}P_x&=\sigma_x l_1+\tau_{xy}l_2+\tau_{xz}l_3\\ P_y&=\tau_{yx}l_1+\sigma_y l_2+\tau_{yz}l_3\\ P_z&=\tau_{zx}l_1+\tau_{zy}l_2+\sigma_z l_3\end{aligned} \tag{6.12}$$

根据斜面的外法线 n_i 与 $j\,(=x, y, z)$ 轴间夹角的方向余弦 $\cos(n, j)$，x' 方向上的正应力为

$$\begin{aligned}\sigma_{x'} &= P_x l_{11} + P_y l_{12} + P_z l_{13} \\ \sigma_{x'} &= \sigma_x l_{11}^2 + \sigma_y l_{12}^2 + \sigma_z l_{13}^2 + 2(\tau_{xy} l_{11} l_{12} + \tau_{yz} l_{12} l_{13} + \tau_{zx} l_{11} l_{13})\end{aligned} \tag{6.13}$$

这样最终可以用 σ_{ij}、l_{ij} 表示全部的 $Ox'y'z'$ 坐标系内的应力分量 $\sigma_{i'j'}$

$$\sigma_{i'j'} = l_{i'i} l_{j'j} \sigma_{ij} \tag{6.14}$$

当一组 9 个量 σ_{ij} 在坐标变换时服从上式，就称为二阶张量。

弹性常数描述了晶体对外加应变 ε 的相应的刚度，在应变很小时，体系的内能与应变的大小符合胡克定律(二次线性关系)，通过这一关系中二次线性项的系数 C_{ij} 描述该二次线性关系，即二次线性项的系数。采用 Voigt 标记：$xx\to1$、$yy\to2$、$zz\to3$、$yz\to4$、$xz\to5$ 和 $xy\to6$。应变张量 ε 定义为

$$\varepsilon = \begin{pmatrix} e_1 & \frac{1}{2}e_6 & \frac{1}{2}e_5 \\ \frac{1}{2}e_6 & e_2 & \frac{1}{2}e_6 \\ \frac{1}{2}e_5 & \frac{1}{2}e_6 & e_3 \end{pmatrix} \tag{6.15}$$

因此，应力张量 σ 定义为

$$\sigma_i = \frac{1}{V}\left[\frac{\partial E(V,\varepsilon_j)}{\partial \varepsilon_i}\right]_{\tau=0} \tag{6.16}$$

二阶绝热弹性常数为

$$C_{ij} = \frac{1}{V}\left[\frac{\partial^2 E(V,\varepsilon_j)}{\partial \varepsilon_i \partial \varepsilon_j}\right]_{\tau=0} \tag{6.17}$$

在应变较小的情况下，应变后体系的总能 $E(V,\varepsilon)$ 按应变张量 ε 可按泰勒级数展开为

$$E(V,\varepsilon_j) = E(V_0,0) + V_0\sum_{i=1}^{6}\sigma_i e_i + \frac{V_0}{2}\sum_{i,j=1}^{6}\sigma_i e_j + \cdots \tag{6.18}$$

式中，$E(V_0, 0)$ 为应变前体系的总能；V_0 为应变前原胞的体积。

因此，在选取特定的应变 $\varepsilon=e=(e_1, e_2, e_3, e_4, e_5, e_6)$，计算出在一组不同幅度时应变前后体系总能的变化 $\Delta E=E(V,\varepsilon)-E(V,0)$，再根据总能变化-应变幅度对应的一组数据点，进行二次函数拟合得到二次项系数，即可得到晶体的某个弹性常数或弹性常数的组合，针对不同的晶系的晶体，由于对称性的关系，有特定的独立弹性常数。

以四方晶系为例，其对称性的晶体的矩阵元为

$$\begin{pmatrix} C_{11} & C_{12} & C_{13} & 0 & 0 & 0 \\ C_{12} & C_{11} & C_{13} & 0 & 0 & 0 \\ C_{13} & C_{13} & C_{33} & 0 & 0 & 0 \\ 0 & 0 & 0 & C_{44} & 0 & 0 \\ 0 & 0 & 0 & 0 & C_{44} & 0 \\ 0 & 0 & 0 & 0 & 0 & C_{66} \end{pmatrix}$$

共6个独立分量，应变与能量的关系为

$$e=(\delta,\delta,0,0,0,0)\rightarrow\frac{\Delta E}{V}=(C_{11}+C_{12})\delta^2$$

$$e=(0,0,0,0,0,\delta)\rightarrow\frac{\Delta E}{V}=\frac{1}{2}C_{66}\delta^2$$

$$e=(0,0,\delta,0,0,0)\rightarrow\frac{\Delta E}{V}=\frac{1}{2}C_{33}\delta^2$$

$$e=(0,0,0,\delta,\delta,0)\rightarrow\frac{\Delta E}{V}=C_{44}\delta^2$$

$$e=(\delta,\delta,\delta,0,0,0)\rightarrow\frac{\Delta E}{V}=(C_{11}+C_{12}+2C_{13}+\frac{C_{33}}{2})\delta^2$$

$$e=(0,\delta,\delta,0,0,0)\rightarrow\frac{\Delta E}{V}=(\frac{C_{11}}{2}+C_{13}+\frac{C_{33}}{2})\delta^2$$

在第一性原理计算中，通过对输入文件的设置，可以完成上述过程。以VASP软件计算Si晶体为例，其空间群为$Fd\,\overline{3}\,m$，晶格常数$a=b=c=5.4684$ Å，$\alpha=\beta=\gamma=90°$。其结构如图6.11所示。

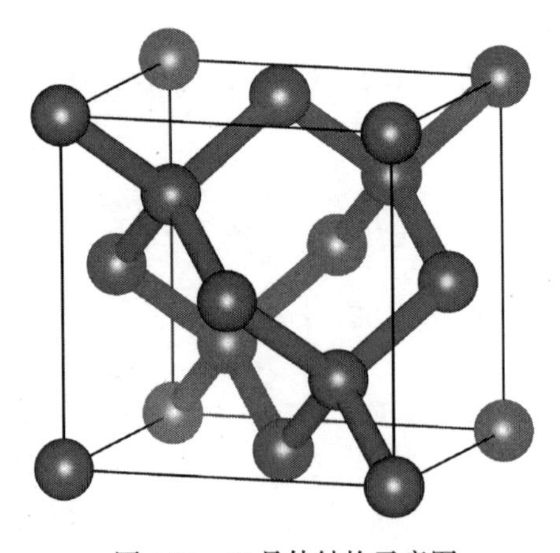

图6.11　Si晶体结构示意图

由于其布拉维点阵为立方晶系，因此其弹性矩阵元为

$$\begin{pmatrix} C_{11} & C_{12} & C_{12} & 0 & 0 & 0 \\ C_{12} & C_{11} & C_{12} & 0 & 0 & 0 \\ C_{12} & C_{12} & C_{11} & 0 & 0 & 0 \\ 0 & 0 & 0 & C_{44} & 0 & 0 \\ 0 & 0 & 0 & 0 & C_{44} & 0 \\ 0 & 0 & 0 & 0 & 0 & C_{44} \end{pmatrix}$$

VASP 控制参数 INCAR 为

```
SYSTEM= si
  ENCUT=400
  ISIF   = 3
  NFREE  = 4
  EDIFF  = 1E-6
  LWAVE  = .FALSE.
LCHARG=.FALSE.
  IBRION = 6
  ISMEAR = 0
  SIGMA  = 0.05
  NSW = 1
```

基于密度泛函理论的第一性原理计算，其弹性矩阵元结果如表 6.5 所示，特别注意计算出的矩阵元单位为 kbar，经单位转换后 C_{11}、C_{12} 和 C_{44} 分别为 153.3 GPa、56.8 GPa 和 74.5 GPa。

表 6.5　总弹性模量(kbar)

方向	*XX*	*YY*	*ZZ*	*XY*	*YZ*	*ZX*
XX	1533.3806	568.2150	568.2150	−0.0000	0.0000	−0.0000
YY	568.2150	1533.3806	568.2150	0.0000	−0.0000	−0.0000
ZZ	568.2150	568.2150	1533.3806	0.0000	0.0000	0.0000
XY	−0.0000	0.0000	0.0000	745.1665	−0.0000	−0.0000
YZ	0.0000	−0.0000	0.0000	0.0000	745.1665	0.0000
ZX	−0.0000	−0.0000	0.0000	−0.0000	0.0000	745.1665

根据 Voigt-Reuss 近似，立方晶系的体积模量和剪切模量：

$$\begin{aligned} B_{\mathrm{V}} &= B_{\mathrm{R}} = (C_{11} + 2C_{12})/3 \\ G_{\mathrm{V}} &= (C_{11} - C_{12} + 3C_{44})/5 \\ G_{\mathrm{R}} &= 5(C_{11} - C_{12})C_{44}/[4C_{44} + 3(C_{11} - C_{12})] \end{aligned} \tag{6.19}$$

采用 Hill 方法对 Voigt-Reuss 近似得到的模量求平均：

$$
\begin{aligned}
B_{\mathrm{H}} &= \frac{1}{2}(B_{\mathrm{V}} + B_{\mathrm{R}}) \\
G_{\mathrm{H}} &= \frac{1}{2}(G_{\mathrm{V}} + G_{\mathrm{R}})
\end{aligned}
\tag{6.20}
$$

从而杨氏模量和泊松比可以由以下公式得到：

$$
\begin{aligned}
E &= 9B_{\mathrm{H}}G_{\mathrm{H}} / (3B_{\mathrm{H}} + G_{\mathrm{H}}) \\
\nu &= (3B_{\mathrm{H}} - 2G_{\mathrm{H}}) / (6B_{\mathrm{H}} + 2G_{\mathrm{H}})
\end{aligned}
\tag{6.21}
$$

硬度可由半经验公式获得

$$
H_{\mathrm{v}} = 2(k^2 G_{\mathrm{H}})^{0.585} - 3.0 \tag{6.22}
$$

材料的各向异性与体积模量和杨氏模量有关，通过三维杨氏模量球可以反映其各向异性：

$$
\begin{aligned}
& A_{-}^{(010)} = C_{55}(C_{11} + 2C_{13} + C_{33}) / (C_{11}C_{33} - C_{13}^2) \\
& A_{-}^{(100)} = C_{44}(C_{22} + 2C_{23} + C_{33}) / (C_{22}C_{33} - C_{23}^2) \\
& A_{-}^{(001)} = C_{66}(C_{1} + 2C_{12} + C_{22}) / (C_{11}C_{2} - C_{12}^2) \\
& A_{+}^{[100],(010)} = 2C_{55} / (C_{11} - C_{13}) \qquad A_{+}^{[001],(010)} = 2C_{55} / (C_{33} - C_{13}) \\
& A_{+}^{[010],(100)} = 2C_{44} / (C_{22} - C_{23}) \qquad A_{+}^{[001],(100)} = 2C_{55} / (C_{33} - C_{23}) \\
& A_{+}^{[100],(001)} = 2C_{66} / (C_{11} - C_{12}) \qquad A_{+}^{[010],(001)} = 2C_{66} / (C_{22} - C_{12})
\end{aligned}
\tag{6.23}
$$

得到的杨氏模量球如图 6.12 所示。

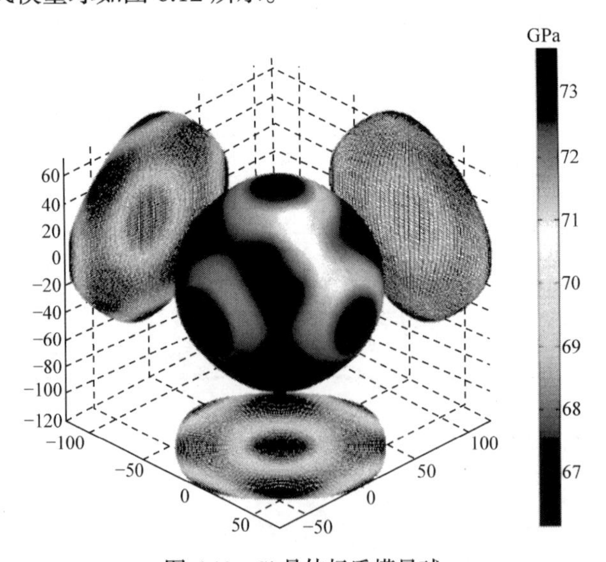

图 6.12 Si 晶体杨氏模量球

6.3　德拜温度特性函数

6.3.1　德拜温度关联模型

纳米晶体材料可视为一类特殊的热力学系统，描述系统特性函数和配分函数的实质仍是能态密度。利用系统的声子态密度可以获得晶体材料的所有热力学特性。也就是说，利用德拜温度可以解析纳米晶体材料的大量分子的振动规律，获得系统的晶体学、力学、晶格动力学和晶体热力学规律。

根据晶体材料单位能量变化与结合能成正比的关系，以及林德曼熔化准则

$$\frac{\Delta E_{\mathrm{n}}}{E_{\mathrm{b}}}=\frac{\Delta \Theta_{\mathrm{D,n}}^{2}}{\Theta_{\mathrm{D,b}}^{2}}=\frac{\Delta T_{\mathrm{m,n}}}{T_{\mathrm{m.b}}}=\frac{\mathrm{CN}}{4}\cdot\frac{r_0}{R}\cdot\frac{\rho_{\mathrm{b}}}{\rho_{\mathrm{n}}}\cdot\frac{1}{\eta} \tag{6.24}$$

又根据德拜温度与热容的关系，得

$$\frac{\Delta \Theta_{\mathrm{D,n}}^{2}}{\Theta_{\mathrm{D,b}}^{2}}=\frac{\Delta C_{\mathrm{p,n}}^{-1}}{C_{\mathrm{p,b}}^{-1}}=\frac{\Delta T_{\mathrm{m,n}}}{T_{\mathrm{m,b}}} \tag{6.25}$$

6.3.2　德拜温度和熔点的内在关联

由德拜温度和熔点的内在关联模型计算得到的 Au 金属纳米粒子德拜温度与熔点的关系如图 6.13 所示，Au 金属纳米粒子德拜温度的实验数据(见 4.1 节)列于图中。可以看出，在 0～40 nm 范围，德拜温度与公式给出的理论值较为吻合。在 2.5 nm 以下时，数据点基本都落于曲线附近；在 10 nm 以上时，数据点逐渐接近 182 K，这与理论值有较好的吻合度；在 2.5～10 nm 范围，德拜温度发生了急剧变化，而该处的实验数据值也与预测值基本符合。说明利用熔点可以间接获得德拜温度的尺寸效应。

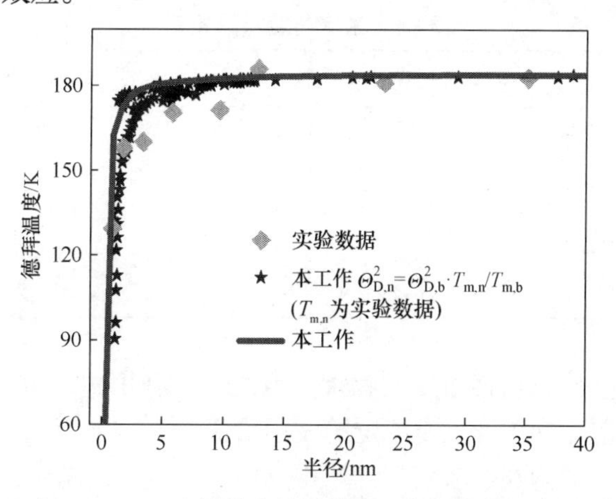

图 6.13　Au 金属纳米粒子德拜温度和熔点的关系

由熔点和热容的内在关联模型计算得到的 Ag 金属纳米粒子熔点与热容的关系如图 6.14 所示，Ag 金属纳米粒子熔点和热容的实验数据(见 4.1 节和 5.1 节)列于图中。可以看出，在 2～10 nm 范围，实验值和转化值略有差距，但并不太大；在 7～13 nm 时，两者都逐渐接近理论值。总的来说三者较为吻合，说明利用熔点的尺寸效应可以估计粒子热容的变化。

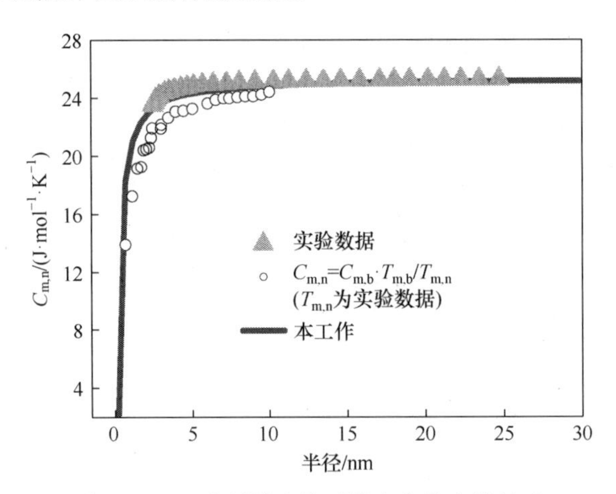

图 6.14　Ag 金属纳米粒子熔点和热容的关系

6.3.3　德拜温度和密度的内在关联

根据式(3.70)，可以利用晶体密度计算纳米尺度熔点。表 6.6 为密度计算的 Au 金属纳米粒子的德拜温度和熔点。可以发现，随着尺寸的减小，纳米材料的密度比正常材料要小得多；当晶粒半径 R 趋近于∞时，ρ_n/ρ_b、$\Theta_{D,n}/\Theta_{D,b}$ 和 $T_{m,n}/T_{m,b}$ 都将趋近于 1，这与式(3.70)的理论预测是吻合的。

表 6.6　密度与熔点的关系

ρ_0	R	ρ_R	$T_{m,n}/T_{m,b}$ [式(6.26)]	ρ_0	R	ρ_R	$T_{m,n}/T_{m,b}$ [式(6.26)]
19.32	3.3	9.17	0.107	19.32	32.3	17.08	0.691
19.32	6.9	13.20	0.319	19.32	45.9	17.72	0.771
19.32	9.9	15.54	0.520	19.32	63.4	17.98	0.807
19.32	19.3	16.12	0.582	19.32	88.7	18.67	0.901
19.32	29.7	16.81	0.659				

熔点是表征金属材料最重要的物理参数之一。利用式(3.70)预测金属纳米材料熔点的尺寸效应，在工业上有一定的使用价值。

由密度和熔点的内在关联模型计算得到的 Au 金属纳米粒子密度与熔点的关

系如图 6.15 所示，Au 金属纳米粒子密度和熔点的实验数据(见 3.3 节和 5.1 节)列于图中。可以看出，实验数据点与模型的预测十分接近。此外模型给出的预测曲线要比实际数值低一些，这是因为在计算过程中使用的杨氏模量和表面张力是块体材料的数值。

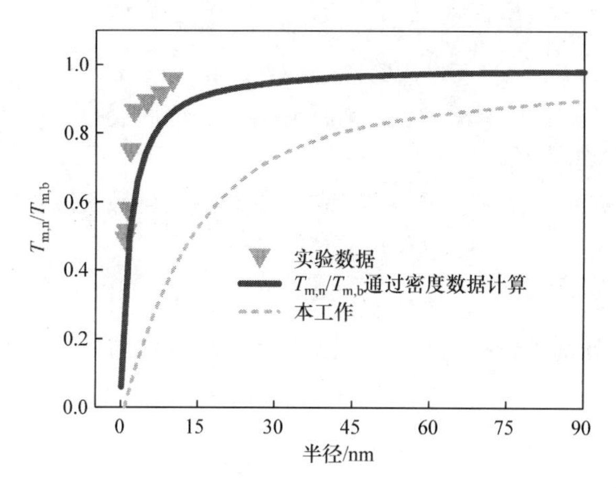

图 6.15　Au 金属纳米粒子密度与熔点的关系

6.3.4　表层原子冻结分析法

实验方面，W. J. Huang 等利用相干衍射法，从实验上研究了纳米晶体材料的微观组织结构，发现纳米晶体材料属于核-壳结构：内核“正常原子”未发生晶格畸变，壳层“畸变原子”约一个原子层厚。纳米尺寸减小，壳层畸变原子占比增加，因此纳米晶体材料的热力学特性发生了显著改变。

理论方面，罗文华和齐卫宏等根据核-壳结构模型，利用德拜温度理论提出了亥姆霍兹自由能尺寸效应数理模型，并利用内核结构和壳层结构原子德拜温度的变化，计算了纳米晶体材料的亥姆霍兹自由能特性函数。

基于上述分析，对壳层原子施加一定的平面应力，使材料的表面发生压缩，而内层原子结构不变的表层原子冻结分析法。该方法实验背景真实可靠，理论预测准确可行，能够适用于各种纳米晶体材料热力学特性的预测和计算。

6.4　特性函数关联模型

根据晶体材料单位能量变化，结合空位模型、杨氏模量模型和德拜温度模型，参考分子动力学模拟和第一性原理计算，综合相关实验结果得出

$$\begin{aligned}\frac{\Delta W}{W_0}&=\frac{\Delta E_{\mathrm{n}}}{E_{\mathrm{b}}}=\frac{\Delta G_{\mathrm{n}}}{G_{\mathrm{b}}}=\frac{\Delta T_{\mathrm{m,n}}}{T_{\mathrm{m,b}}}=\frac{\Delta Q_{\mathrm{n}}}{Q_{\mathrm{b}}}=\frac{\Delta C_{\mathrm{p,n}}^{-1}}{C_{\mathrm{p,b}}^{-1}}\\&=\frac{\Delta E_{\mathrm{v,n}}}{E_{\mathrm{v,b}}}=\frac{\Delta L_{\mathrm{s,n}}}{L_{\mathrm{s,b}}}=\frac{\Delta \Theta_{\mathrm{D,n}}^2}{\Theta_{\mathrm{D,b}}^2}=\frac{\Delta \nu_{\mathrm{p,n}}^2}{\nu_{\mathrm{p,b}}^2}=\frac{\Delta Y_{\mathrm{n}}}{Y_{\mathrm{b}}}=\frac{\Delta \sigma_{\mathrm{n}}}{\sigma_{\mathrm{b}}}\end{aligned}\tag{6.26}$$

式中，W、E、G、T_{m}、Q、C_{p}^{-1}、E_{v}、L_{s}、Θ_{D}、ν_{p}、Y、σ 分别为能量、结合能、吉布斯自由能、熔点、扩散激活能、等压热容、空位形成能、升华热、德拜温度、声速、杨氏模量和表面能。

将式(6.26)进一步整理，可得纳米晶体材料特性函数关联模型

$$\frac{\Delta X(R)}{X_0}=\frac{\mathrm{CN}}{4}\cdot\frac{r_0}{R}\cdot\frac{\rho_{\mathrm{b}}}{\rho_{\mathrm{n}}}\cdot\frac{1}{\eta}\tag{6.27}$$

式中，X_0 和 ΔX 分别为标准与尺寸变化时的热力学和力学参数，它们都可以根据能量变化确定。

参 考 文 献

[1] 张聪惠, 于飞, 王耀勉, 等. 表面机械研磨处理工业纯锆的组织和拉伸性能研究[J]. 稀有金属, 2013, 37(1): 1-5.

[2] 陶乃镕. 表面机械研磨导致的纯 Fe 和 Inconel 600 表面纳米化微观结构及晶粒细化机制研究[D]. 沈阳: 中国科学院金属研究所, 2003.

[3] 王虎, 詹肇麟, 吴云霞, 等. 高能喷丸对 ST12 钢表面性能的影响[J]. 材料热处理学报, 2013, 34(S2): 184-187.

[4] Tao N R, Sui M L, Lu J, et al. Surface nanocrystallization of iron induced by ultrasonic shot peening[J]. Nanostructured Materials, 1999, 11(4): 433-440.

[5] Tong W P, Tao N R, Wang Z B, et al. Nitriding iron at lower temperatures[J]. Science, 2003, 299(5607): 686-688.

[6] Tong W P, Han Z, Wang L M, et al. Low-temperature nitriding of 38CrMoAl steel with a nanostructured surface layer induced by surface mechanical attrition treatment[J]. Surface and Coatings Technology, 2008, 202(20): 4957-4963.

[7] 张艳梅, 李忠厚, 徐重. W、Mo、Co 多元共渗扩散交互作用规律研究[J]. 太原理工大学学报, 2009, 40(3): 283-286.

[8] 刘浩, 柯孚久, 潘晖, 等. 铜-铝扩散焊及拉伸的分子动力学模拟[J]. 物理学报, 2007, 56(1): 407-412.

[9] 安艳丽. 纯铁表面机械研磨相关问题及表面吸附 CO 的第一性原理研究[D]. 太原: 太原理工大学, 2011.

[10] 高原. 离子渗金属阴极表面空位浓度分布及对扩散的影响[J]. 真空, 1993, 6: 53-56.

[11] Yu X H, Zhan Z H, Rong J H, et al. Vacancy formation energy and size effects[J]. Chemical Physics Letters, 2014, 600: 43-45.

[12] Yu X H, Rong J, Zhan Z L, et al. Effects of grain size and thermodynamic energy on the lattice

parameters of metallic nanomaterials[J]. Materials & Design, 2015, 83: 159-163.
[13] Yu X H, Zhan Z L. The effects of the size of nanocrystalline materials on their thermodynamic and mechanical properties[J]. Nanoscale Research Letters, 2014, 9(1): 516-521.
[14] Villars P, Cenzual K, Pearson W B. A International Pearson's Crystal Data: Crystal Structure Database for Inorganic Compounds[M].Cambridge: ASM International, 2007.
[15] Martienssen W, Warlimont H. Springer Handbook of Condensed Matter and Materials Data[M]. Berlin Heidelberg: Springer, 2005.
[16] Wert C, Zener C. Interstitial atomic diffusion coefficients[J]. Physical Review, 1949, 76(8): 1169-1175.